ÉLOGE DES MATHÉMATIQUES

Dans la même collection

Alain Badiou, avec Nicolas Truong, *Éloge de l'amour*, 2011.
Alain Badiou, avec Nicolas Truong, *Éloge du théâtre*, 2016.

Alain Badiou
avec Gilles Haéri

ÉLOGE
DES MATHÉMATIQUES

Champs essais

© Flammarion, 2015
© Flammarion, 2017, pour cette édition
en coll. « Champs ».
ISBN : 978-2-0813-9593-0

J'ai, il y a de nombreuses années – un peu avant et un peu après ma première « somme » philosophique, *L'être et l'événement* (1988) –, introduit la notion, qu'on retrouvera plus loin, des *conditions* de la philosophie. Il s'agissait de nommer, de façon précise, les types réels d'activité créatrice dont l'humanité est capable, et dont l'existence de la philosophie dépend. Il est évident en effet que la philosophie est née en Grèce parce qu'il y avait dans cette contrée, en tout cas à partir du Ve siècle avant J.-C., des propositions totalement neuves concernant les mathématiques (géométrie et arithmétique déductives), l'activité artistique (sculpture humanisée, peinture, danse, musique, tragédie et comédie), la politique (invention de la démocratie) et le statut des passions (transfert amoureux, poésie lyrique...). J'ai donc proposé de dire que la philosophie ne se déploie vraiment que lorsque des nouveautés surgissent dans un ensemble de « vérités » (c'est le nom que je leur donne pour des raisons philosophiques), qui appartiennent à quatre types distincts : la science, l'art, la politique et l'amour. C'est pourquoi j'ai répondu favorablement à l'invitation de Nicolas Truong à dialoguer avec lui à Avignon, dans la perspective d'un éloge de l'amour puis dans celle d'un éloge du théâtre. De même pour la proposition de Gilles Haéri : un dialogue, à Lyon, dans le cadre de la Villa Gillet, ouvrant à un éloge des mathématiques. Les deux premiers dialogues ont donné des livres dans la collection « Café Voltaire » de Flammarion. Il en va de même du troisième, qui fait l'objet du présent ouvrage. Reste à faire l'éloge de la politique : j'y songe.

I

IL FAUT SAUVER LES MATHÉMATIQUES

Alain Badiou, vous constituez ce que j'appellerai, pour user d'un terme mathématique, une singularité dans le paysage intellectuel français.

Il y a bien sûr votre engagement politique, que le grand public connaît depuis 2006 à travers le succès de De quoi Sarkozy est-il le nom ? *Vous incarnez aujourd'hui l'une des dernières grandes figures d'intellectuel engagé, l'un des critiques les plus impitoyables de nos démocraties libérales, infatigable défenseur de l'idée communiste, que vous refusez de jeter avec l'eau du bain de l'Histoire.*

Mais, d'un point de vue plus spécifiquement philosophique, l'œuvre que vous avez bâtie est également extrêmement singulière. À l'heure où la philosophie se replie sur une certaine spécialisation, renonçant en cela à son ambition inaugurale, vous n'avez eu de cesse de vouloir redonner un sens à la métaphysique, en bâtissant un système qui se présente comme une grande synthèse sur le monde et sur l'être. Or cette philosophie, exposée principalement dans L'être et l'événement, *puis dans* Logiques des mondes, *se fonde très largement sur les mathématiques. Vous êtes à cet égard l'un des rares philosophes contemporains à prendre les mathématiques véritablement au sérieux, et à ne pas seulement en parler en philosophe mais à les pratiquer quasi quotidiennement.*

Pouvez-vous pour commencer nous expliquer d'où vous vient ce rapport très fort aux mathématiques ?

Ça s'est passé avant même que je naisse ! Pour la simple raison que mon père était professeur de mathématiques. Il y a donc le stigmate du nom du père, comme dirait Lacan. En vérité, cela a eu des effets considérables, parce que j'ai entendu parler de mathématiques dans ma famille – entre mon père et mon frère aîné, entre mon père et des collègues, etc. –, dans une sorte d'imprégnation primitive, sans trop comprendre initialement ce dont il s'agissait, mais en percevant que ça avait une espèce d'intérêt aigu et obscur à la fois. Voilà pour la première étape, prénatale, si je puis dire.

Ensuite, en tant qu'élève, j'ai été saisi par les mathématiques à partir du moment où l'on a commencé à faire quelques démonstrations réellement subtiles. Je dois dire que ce qui m'a véritablement captivé, c'est le sentiment que, lorsque l'on fait des mathématiques, c'est un peu comme si l'on suivait un chemin extrêmement tordu et complexe, dans une forêt de notions et de concepts, et que ce chemin conduise quand même, à un moment donné, à une sorte d'éclaircie magnifique. Ce sentiment quasi esthétique des mathématiques m'a frappé très tôt. Je crois que je pourrais citer ici quelques théorèmes de géométrie plane, notamment de l'inépuisable géométrie du triangle, que l'on nous enseignait en troisième et en seconde. Je pense à la droite d'Euler. On montrait que les trois hauteurs d'un triangle sont concourantes en un point H, c'était déjà beau. Puis que les trois médiatrices l'étaient aussi, en un point O, de mieux en mieux ! Enfin que les trois médianes l'étaient également, en un point G ! Formidable. Mais alors, avec un air mystérieux, le professeur nous indiquait que l'on pouvait démontrer, comme l'avait fait le génial mathématicien Euler, que ces points H, O et G étaient en plus tous les trois sur une même droite, qu'on appelle évidemment la droite d'Euler ! C'était si inattendu, si élégant, cet alignement de trois points fondamentaux, comme comportement des caractéristiques d'un triangle ! On ne nous en faisait pas la démonstration, car elle était considérée comme trop difficile en seconde, mais on en suscitait le désir. Que l'on puisse démontrer une chose pareille me ravissait. Il y a cette idée d'une découverte véritable, d'un résultat surprenant, au prix d'un cheminement parfois un peu difficile à suivre, mais où l'on est récompensé. J'ai souvent comparé plus tard les mathématiques à la promenade en montagne : la marche d'approche est longue et pénible, avec beaucoup de tournants, de raidillons, on croit être arrivé, mais il reste encore un tournant… On sue, on peine, mais quand on arrive au col, la récompense est sans égale, vraiment : ce saisissement, cette beauté finale des mathématiques, cette beauté sûrement conquise, absolument singulière. Voilà pourquoi je continue de faire propagande pour les mathématiques aussi sous cet angle esthétique. En rappelant d'ailleurs qu'il s'agit d'un angle très ancien, puisque Aristote considérait en fait les mathématiques comme une discipline, non pas tant de la vérité, que de la beauté. Il affirmait que la grandeur des mathématiques est de type esthétique, beaucoup plus qu'ontologique ou métaphysique.

J'ai ensuite fréquenté de plus près les mathématiques contemporaines, en suivant les deux premières années d'université en maths. C'était entre 1956 et 1958, mes deux premières années à l'École normale supérieure. J'y ai combiné de fortes découvertes philosophiques (Hyppolite, Althusser, Canguilhem, ont été mes maîtres du moment) avec les cours de mathématique à la Sorbonne, et d'importantes discussions avec les élèves mathématiciens de l'ENS. C'est à partir de ce moment-là, sans doute aussi parce que c'était l'ambiance du structuralisme et des années soixante, où les disciplines formelles avaient beaucoup d'écho, que je me suis véritablement convaincu que les mathématiques étaient en dialectique très serrée avec la philosophie – du moins telle que je la concevais. Et ce parce qu'elles se trouvaient au carrefour de mes préoccupations. Les structures, c'est d'abord et avant tout l'affaire des mathématiciens. Le grand ethnologue Lévi-Strauss, que je lisais alors avec passion, a recours au mathématicien Weil, en toute fin de son grand livre, *Les Structures élémentaires de la parenté*, pour montrer que la procédure d'échange des femmes s'éclaire si l'on fait usage de la théorie algébrique des groupes. Or, à cette époque, mon orientation philosophique exigeait la maîtrise de vastes constructions conceptuelles. Par ailleurs, par leur force esthétique et l'invention qu'elles demandent, les mathématiques requièrent que l'on devienne un Sujet dont la liberté, loin de s'opposer à la discipline, l'exige. En effet, quand vous travaillez sur un problème de mathématiques, l'invention de la solution – et donc la liberté créatrice de l'esprit – n'est pas une sorte d'errance aveugle, mais la détermination d'un chemin toujours bordé en quelque sorte par les obligations de la cohérence globale et des règles démonstratives. Vous accomplissez votre désir de trouver la solution non pas contre la loi rationnelle, mais avec à la fois ses interdits et son aide. Or, c'est ce que j'ai commencé à penser, d'abord avec Lacan : désir et loi ne sont pas opposés, mais dialectiquement identiques. Et enfin, les mathématiques combinent de façon singulière l'intuition et la preuve, ce que doit aussi faire le texte philosophique, autant qu'il le peut.

Je terminerai en disant que ce va-et-vient entre philosophie et mathématiques inscrivait en moi une certaine division... et peut-être que toute mon œuvre n'est rien d'autre que la tentative de surmonter cette division. Parce que mon maître en philosophie, celui qui m'avait révélé la philosophie, c'était Sartre. J'étais un sartrien convaincu. Or, franchement, les mathématiques et Sartre, comme vous le savez, ce n'était pas tout à fait ça... Il avait même une formule grossière qu'il répétait quand il était jeune, à l'ENS : « La science, c'est trou de balle. La morale, c'est peau de balle. » Certes, il ne s'en est pas tenu à cette maxime élémentaire, mais on ne l'a jamais vu revenir vraiment du côté des sciences, et en particulier des sciences formelles. S'est donc développée en moi-même la conviction que la philosophie devait pouvoir d'une part sauver la dimension du sujet, la dimension du sujet engagé, cette espèce de drame historique que peut être la subjectivité ; et de l'autre, cependant, intégrer, notamment du côté de la doctrine de l'être, les mathématiques dans leur force rationnelle et dans leur splendeur.

Je pourrais presque résumer les choses en affirmant que c'est cette division surmontée qui constitue encore aujourd'hui mon rapport aux mathématiques.

Pourquoi vous semble-t-il nécessaire aujourd'hui d'entreprendre un éloge des mathématiques ? Après tout, cette discipline reste centrale dans notre système éducatif, elle en est même un des principaux outils de sélection. Et si l'on en juge par la récente médaille Fields française – qui porte à onze notre palmarès dans le domaine, juste après les États-Unis –, on pourrait considérer que les mathématiques ont la part belle en France. Avez-vous à l'inverse le sentiment qu'elles sont menacées ?

Vous savez, les mathématiciens ont dans leur grande majorité un rapport extraordinairement aristocratique à leur discipline. Ils se contentent volontiers de considérer qu'eux seuls la comprennent, et que tel est son destin. Ce sont tout de même des gens qui, un peu par nécessité, s'adressent fondamentalement à ceux qui sont en état de comprendre les démonstrations les plus ardues de la mathématique contemporaine, c'est-à-dire essentiellement leurs collègues. On a donc affaire à un milieu assez fermé, qui fait parfois quelques tentatives pour s'adresser à un public un peu plus large, comme Cédric Villani, et bien avant lui Poincaré, mais cela demeure quand même une exception.

On a ainsi d'un côté une mathématique inventive et créatrice, confinée dans un monde intellectuel extrêmement dense et international mais fortement aristocratique, et de l'autre côté une sorte de diffusion scolaire et universitaire des mathématiques, dont à mon avis l'usage est de plus en plus obscur ou incertain. Parce qu'il est vrai que les mathématiques, particulièrement en France, sont utilisées comme une méthode de sélection des élites par le biais des concours des grandes écoles scientifiques. Selon l'expression qu'employait le taupin, on « chiadait les mathématiques », vraiment. Mais en fin de compte, la finalité organique de tout ça reste essentiellement sélective. Cette situation a malmené les mathématiques du point de vue de leur rapport général à l'opinion. La grande majorité des gens, une fois passé un certain nombre d'épreuves scolaires plus ou moins agréables, n'ont plus aucun lien véritable avec les mathématiques. En France, il faut bien le dire, elles ne font pas partie de la culture ordinaire. Et ça, pour moi, c'est un scandale.

Les mathématiques devraient absolument être considérées, non pas simplement comme une discipline scolaire chargée de sélectionner ceux qui vont être ingénieur ou ministre, mais comme quelque chose qui possède un intérêt extraordinaire en soi-même. Comme les beaux-arts, comme le cinéma, elles devraient, pour des raisons sur lesquelles on reviendra, faire partie intégrante de notre culture générale. Mais, à l'évidence, ce n'est pas le cas – et ça l'est encore moins pour le cinéma, scandale peut-être pire encore. De ce fait, l'opinion concernant les mathématiques se trouve scindée entre une sorte de respect distant pour leur existence aristocratique – renforcé par l'utilité qu'on leur reconnaît en physique ou sur le plan des techniques – et une ignorance qui se résume dans la conviction que « moi, je n'ai pas la bosse des maths ». Pour faire un mauvais jeu de mots, on pourrait dire que le partage se fait entre la très petite minorité des bossus et la masse des autres. Je crois que cette situation est dommageable, déplorable même. Mais nous aurons peut-être l'occasion de voir que renverser cet état de fait n'est pas si commode. Pour briser l'aristocratisme des mathématiciens, il faut trouver une médiation entre l'intelligence des formalismes et la visée conceptuelle. Et je pense que, pour cela, il faut recourir à la philosophie, qu'on devrait donc aussi enseigner bien plus tôt.

Vous faites allusion aux applications des mathématiques, qui en effet se retrouvent partout dans le monde contemporain, sans que la plupart des gens n'y comprennent grand-chose ni même en soient forcément conscients ?

Il est certain qu'il y a là une situation paradoxale : les mathématiques, aujourd'hui, sont partout. Les nouveaux moyens de communication, si fétichisés, reposent entièrement sur le langage binaire, de nouveaux algorithmes, le codage par les nombres premiers, et ainsi de suite. Cependant, la masse gigantesque des utilisateurs n'a aucune idée de ce que tout cela signifie.

Je pense que l'on peut clarifier ce paradoxe en introduisant ici la question de la pédagogie. Quelle est en réalité la place respective, dans le processus de formation de la pensée, des savoirs (par exemple, la maîtrise du langage formel des mathématiques) et de la présentation de ces savoirs (par exemple, l'intérêt réel, personnel, que l'on prend à considérer l'usage et la portée de ces formalismes) ? Savoir et penser, voire aimer, ce que l'on sait, ce n'est pas la même chose, ce n'est pas immédiatement identique. Quel est le rapport entre les deux ? C'est la question clé de la transmission. Et comme vous le savez, la philosophie s'est toujours intéressée à cette question. Dès ses débuts. Platon et Aristote se conçoivent eux-mêmes comme des éducateurs. En réalité, ils considèrent la philosophie, pour une bonne part, comme une entreprise didactique, pédagogique, qui certes produit peut-être des savoirs nouveaux, mais surtout éclaire les savoirs constitués et les intègre dans une subjectivité neuve. C'est parfaitement le cas pour les mathématiques, auxquelles Platon, tout en maniant les savoirs les plus avancés de son temps, donne une fonction générale dans la formation de toute pensée, quelle qu'elle soit. En réalité, je suis convaincu que la philosophie nous montre que la question de la transmission des savoirs est relativement homogène, indépendamment du savoir considéré. Parce qu'en définitive le problème de la transmission du savoir, c'est avant tout de convaincre ceux à qui vous vous adressez que c'est intéressant, que cela peut les passionner. Tel est le problème générique de tout enseignement. On doit convaincre celui à qui l'on parle qu'il a de fortes raisons de s'intéresser, par exemple, aux mathématiques. De s'y intéresser – comme à bien d'autres savoirs –, non pas du tout pour l'ascension sociale qu'elles promettent, mais pour elles-mêmes, pour ce qu'elles donnent à penser. Et cela quel que soit celui auquel on s'adresse, sans lui imposer une grille selon laquelle certains peuvent comprendre et d'autres pas.

Cette méconnaissance contemporaine des mathématiques semble la chose la mieux partagée, y compris par vos collègues philosophes ?

C'est une situation divisée. Malheureusement, la plupart des philosophes, ayant un minimum de formation mathématique (souvent réduite du reste à la logique formelle), s'engagent dans la voie de la philosophie analytique anglo-saxonne, voire de son satellite scientifique, le cognitivisme. La philosophie analytique concentre son activité sur la distinction langagière entre les énoncés pourvus de sens, raisonnables, et les énoncés d'après elle dépourvus de sens, notamment la quasi-totalité des énoncés philosophiques depuis Platon, tous tenus pour « métaphysiques » et donc sans intérêt. Le cognitivisme tente de ramener toutes les questions de la pensée ou de l'action à l'étude expérimentale des mécanismes cérébraux. Si intéressants que puissent être les quelques résultats de ces orientations, je ne peux y voir de la philosophie. Ce sont des études académiques sans intérêt existentiel, politique ou esthétique, autant dire : inutilisables pour la philosophie conçue comme éclaircie de la vie réelle. Ou alors, c'est souvent le cas en France, la culture mathématique pousse à s'inscrire dans une « spécialité » universitaire, telles l'histoire des sciences ou l'épistémologie. Ce qui est également un renoncement quant aux ambitions véritables qui doivent animer une entreprise philosophique, et qui s'organisent autour de la question du sens de l'existence, de l'engagement dans les vérités, de ce que peut être une vie digne de ce nom. En dehors de ces deux impasses (pour moi !), la quasi-totalité de ceux qui suivent des études de philosophie n'ont pratiquement aucune culture mathématique et considèrent que l'appui principal, sinon unique, de leur travail est l'histoire de la philosophie.

Le principal résultat de tout cela est que la vie réelle des mathématiques et la vie réelle de la philosophie tendent à être complètement disjointes. Et c'est une situation neuve, du moins à l'échelle de plus de deux millénaires d'existence de la philosophie.

En effet, alors que mathématiques et philosophie ont eu partie liée très tôt, nous aurons l'occasion d'y revenir, leurs évolutions sont aujourd'hui divergentes.

Il y a le phénomène dont je viens de parler. Mais il y a aussi ce que l'on pourrait appeler l'évolution sociale, publique, des deux groupes concernés. Le mathématicien contemporain est quelqu'un qui le plus souvent travaille dans une spécialité régionale des mathématiques extrêmement complexe, extrêmement sophistiquée. Le rejoindre, c'est-à-dire être capable d'en parler avec lui d'égal à égal, est souvent le fait, comme je l'évoquais, de moins d'une dizaine de personnes. L'aristocratie mathématique au niveau de la création est extrêmement restreinte, c'est la plus restreinte de toutes les aristocraties possibles. Aujourd'hui, étant donné l'état de leur diffusion, on n'entre pas comme on veut dans les mathématiques, ce n'est pas comme les grandes fortunes, ce n'est pas héréditaire, et un savoir moyen, ou même déjà grand, voire très grand, ne suffit pas. De ce fait, les mathématiques ont pris un tour très inaccessible. Les repères purement extérieurs existent et sont signalés dans les journaux : celui qui a trouvé quelque chose de très important aura la médaille Fields, avec l'aval de sa minuscule communauté, et au milieu, par ailleurs, de l'incompréhension générale.

Du côté de la philosophie, le problème est exactement l'inverse, puisque peut désormais être recensé comme philosophe à peu près n'importe qui. Depuis que les philosophes sont « nouveaux », on est très peu exigeant à leur égard, même à un niveau élémentaire, je vous assure ! Les réquisits de connaissances à l'époque de Platon, de Descartes, de Hegel, ou encore à la fin du XIXe siècle, pour pouvoir se prétendre « philosophe », portaient sur la quasi-totalité des savoirs et des créations, politiques, scientifiques, esthétiques, de l'époque. Tandis qu'aujourd'hui il suffit d'avoir des opinions et le réseau médiatique adéquat pour faire croire qu'elles sont universelles, alors qu'elles sont absolument banales. Or la différence entre l'universalité et la banalité, ça devrait tout de même être crucial pour un philosophe.

On prétend qu'il est devenu impossible aujourd'hui d'avoir des connaissances aussi vastes. Mais c'est inexact. Bien entendu, on ne peut maîtriser l'étendue entière du champ des sciences, ou l'ensemble mondial de la production artistique, ou toutes les inventions politiques sans exception. Mais on peut, et on doit, en connaître suffisamment, avoir de tout cela une expérience assez profonde et large pour pouvoir légiférer philosophiquement. Or, nombre de « philosophes », aujourd'hui, sont très éloignés de cette norme minimale, singulièrement en ce qui concerne la science depuis toujours la plus importante pour la philosophie, à savoir les mathématiques.

Cette situation est assez récente puisqu'elle se constitue à la fin des années soixante-dix et au début des années quatre-vingt du dernier siècle. Elle a dégradé considérablement l'image du philosophe, sa notion, sa texture. Un philosophe, c'est devenu un conseiller en n'importe quoi. Moi-même, je dois l'avouer, je suis exposé à cette tentation corruptrice. Quand j'ai écrit *L'Éthique* au début des années quatre-vingt, j'ai reçu de nombreuses propositions pour tenir des séminaires d'éthique de la banque. Je vous le dis sérieusement, je peux produire les documents ! Ces gens ne se souciaient ni de mes opinions ni de mes engagements : puisque je causais de l'éthique, il était normal que je sois au service de ce qui est pour eux le cœur, le centre vivant de la société : la banque !

La divergence entre mathématiques et philosophie tient donc aussi au fait que la philosophie a subi, à partir de la figure réactionnaire et creuse du « nouveau philosophe », une incroyable banalisation de son statut. Les vedettes philosophiques des grands moyens de communication, sont, il faut le dire, et du strict point de vue des connaissances requises pour parler de ce dont ils parlent, des nullités. En mathématiques, ils seraient considérés comme l'équivalent d'un élève très moyen de terminale. C'est d'ailleurs une vertu importante des mathématiques : des impostures de ce genre y sont impossibles. Mais le revers de cette vertu est que les mathématiques sont devenues inaccessibles, ou objet d'une indifférence amère, en raison de leur séparation aristocratique avec les autres régimes de la connaissance. Évidemment, avec une sélection aussi rigoureuse, on n'a pas eu de « nouveaux mathématiciens », ça, c'est certain. Et je ne vois pas comment il pourrait y en avoir. Un « nouveau mathématicien », encore aujourd'hui, c'est quelqu'un qui démontre – laborieusement ou brillamment – des théorèmes précédemment inconnus, et de ça vous ne pouvez faire ni un sous-produit, ni une caricature, c'est absolument impossible.

Nous vivons donc dans un degré de séparation entre mathématiques et philosophie qui aurait bien étonné la plupart de nos grands ancêtres classiques ou modernes, dont je voudrais rappeler que beaucoup d'entre eux, et parmi les plus fameux, étaient aussi de grands mathématiciens. Descartes était un mathématicien fondateur, créateur de la géométrie analytique, à savoir une sorte d'unification de la géométrie et de l'algèbre : il a montré en effet comment une courbe dans l'espace, donc un objet géométrique, peut être représentée par une équation. Leibniz était un mathématicien de génie, fondateur du calcul différentiel et intégral moderne. Les derniers qui aient rôdé dans ces parages se situent quelque part dans le XIXe siècle : peut-être Frege, peut-être Dedekind, peut-être Cantor sous certains aspects, ou Poincaré, qui est certainement la dernière grande figure de ce modèle-là. Il y a eu aussi, en France, entre 1920 et les années soixante, une école philosophique compétente en mathématiques, et qui cependant ne cédait pas aux sirènes de la prétendue philosophie analytique, avec Bachelard, Cavaillès, Lautman, Desanti. Mais aujourd'hui, la séparation est très avancée, bien que, vingt ou trente ans après moi, une génération de philosophes, et aussi de quelques mathématiciens, se soit levée, très prometteuse en général par sa redécouverte de la métaphysique (Tristan Garcia, Quentin Meillassoux, Patrice Maniglier ...), et dont certains membres maîtrisent une partie significative du champ mathématique contemporain, sans le rabattre aussitôt sur une sorte de positivisme langagier ni sur la simple histoire des sciences. Je pense notamment à Charles Alunni, à René Guitart, à Yves André, puis, plus récemment, à Elie During ou à David Rabouin. J'oublie évidemment – ou j'ignore, je l'espère – bien d'autres ressources subjectives dans les générations qui viennent.

En vérité, une partie de mon effort proprement métaphysique tente, avec l'aide de tous ceux qui aujourd'hui en ont les moyens et l'envie, de surmonter cette mortelle séparation entre ce qui se présente sous le nom de philosophie et les considérables trouvailles intellectuelles des mathématiques contemporaines.

II

PHILOSOPHIE ET MATHÉMATIQUES OU L'HISTOIRE D'UN VIEUX COUPLE

Je voudrais que l'on explore plus précisément les liens qui existent entre la philosophie et les mathématiques. Vous avez rappelé tout à l'heure qu'il s'agissait d'un vieux couple : Platon déjà avait écrit au fronton de son Académie : « Que nul n'entre ici s'il n'est géomètre. » Comment expliquer ce compagnonnage ?

Les mathématiques et la philosophie ont en effet été liées dès leurs origines, au point même que toute une série de philosophes particulièrement connus – Platon, mais aussi Descartes, Spinoza, Kant, ou Searle – ont déclaré formellement que s'il n'y avait pas eu les mathématiques il n'y aurait pas eu de philosophie. Donc la mathématique a été très tôt conçue – et de façon entièrement explicite chez Platon – comme une sorte de précondition pour que la philosophie rationnelle puisse naître. Pourquoi ? Tout simplement parce que la mathématique était l'exemple d'un processus de connaissance qui, si je puis dire, « tenait tout seul ». C'est-à-dire que lorsque vous avez une preuve, eh bien, vous avez une preuve ! Ce n'est pas du tout comme quand la vérité est gagée par un prêtre, un roi, un dieu. Le prêtre, le roi ou le dieu ont raison parce qu'ils sont prêtre, roi ou dieu. Et d'ailleurs, si vous les contredisez, on vous le fait très vite savoir... Tandis que pour le mathématicien, ce n'est pas du tout ça : il est obligé de construire un processus de connaissance qui sera exposé à ses collègues et rivaux. Et si sa démonstration est fausse, on le lui dira.

Les mathématiques ont donc constitué très tôt, dès la Grèce ancienne, un univers dans lequel des choses considérées comme vraies, démontrées, circulent sous condition de leur validation et de leur acceptation par la communauté des gens qui « s'y connaissent », et pas par le simple fait d'autorité résultant de ce que le mathématicien s'appelle « mathématicien ». Le mathématicien, au contraire, est celui qui introduit pour la première fois une universalité, totalement affranchie de toute présupposition mythologique ou religieuse, et qui ne prend plus la forme du récit, mais celle de la preuve. La vérité fondée sur le récit est la « vérité » traditionnelle, de type mythologique, ou révélée. Les mathématiques ébranlent tous les récits traditionnels : la preuve se présente comme ne dépendant que de la démonstration rationnelle, exposée à tous et réfutable dans son principe même, si bien que celui qui a affirmé un énoncé finalement démontré comme faux doit s'incliner. En ce sens, les mathématiques participent de la pensée démocratique, qui apparaît du reste en Grèce en même temps qu'elles. Et la philosophie n'a pu se constituer dans son autonomie – d'ailleurs toujours menacée – par rapport au récit religieux qu'avec cet appui formel, qui sans doute concernait un domaine limité de l'action intellectuelle, mais un domaine qui avait des normes totalement indépendantes, des normes explicites, que tout un chacun pouvait connaître. Une preuve avait à être une preuve et c'est tout. Il est donc vrai qu'il y a dès l'origine partie liée entre les mathématiques, la démocratie (au sens de la modernité politique opposée aux autorités traditionnelles) et la philosophie.

Historiquement, les mathématiques sont donc nées avant la philosophie ?

C'est une histoire complexe et mal documentée. Je partage la conviction de l'historien et philosophe des sciences Arpad Szabo : si l'on considère de près la pensée de Parménide, ou de toute l'école « éléate » (parce que constituée des habitants d'Élée), antérieure à Socrate et Platon, donc remontant au Ve siècle avant J.-C., on peut y voir la trace profonde de méthodes de pensée qui trouvent leur plein accomplissement dans les mathématiques. Ainsi du raisonnement par l'absurde, que je tiens pour décisif dans la puissance mentale qu'inventent les mathématiques de cette époque. J'ai étudié en détail ce point dans mon séminaire de 1985-1986 consacré précisément à Parménide. En gros, le raisonnement par l'absurde revient à prouver qu'un énoncé p est vrai, non en « construisant » directement sa vérité à partir de vérités déjà établies, mais en démontrant que son énoncé contradictoire, soit l'énoncé non-p, est obligatoirement faux. Vous appliquez alors le principe du tiers exclu : « Étant donné p, un énoncé bien formé (conforme aux règles syntaxiques du système considéré), ou bien p est vrai, ou bien non-p est vrai. Il n'y a pas de troisième possibilité. »

C'est une procédure extraordinaire, parce qu'elle établit une vérité en se mouvant entièrement dans une hypothèse fausse. En effet, comment prouver que non-p est faux ? Tout simplement en supposant qu'il est vrai, et en tirant de cette assertion des conséquences qui contredisent des vérités déjà établies. Vous appliquez alors le principe de non-contradiction : puisque non-p contredit un énoncé, mettons q, qui est vrai, et que ne peuvent être vrais ensemble deux énoncés contradictoires, il faut que non-p soit faux. Et donc que p soit vrai.

Vous voyez l'étonnant trajet de la preuve : vous voulez établir que p est vrai, pour cela vous avez vos raisons (c'est votre hypothèse). Dans ce but, vous fabriquez la fiction « non-p est vrai », dont vous espérez qu'elle est fausse ! Et pour nourrir votre espoir, vous tirez des conséquences de cette fiction, vous mouvant ainsi avec une logique implacable dans ce que vous pensez être faux, jusqu'à ce que vous rencontriez une conséquence qui contredit explicitement un énoncé antérieurement démontré comme vrai. Cette navigation contrôlée, réglée, entre le vrai et le faux est à mon sens tout à fait caractéristique des mathématiques naissantes, de la coupure qu'elles introduisent avec toute vérité révélée ou dont la force serait uniquement poétique. Or on trouve ce « ton » chez Parménide. Et on le trouve parce que, pour prouver que l'être est, que telle est la vérité première, il établit d'abord que le non-être n'est pas. Il raisonne donc par l'absurde. Ma conclusion est claire : la philosophie rationnelle et les mathématiques naissent en même temps, et il ne pouvait pas en être autrement.

Postérieurement aux Grecs, vous rappeliez que les philosophes classiques se sont toujours intéressés de très près aux mathématiques. Ont-elles véritablement eu une influence sur leurs systèmes de pensée ?

Il est intéressant de considérer les raisons qu'avancent les philosophes eux-mêmes pour expliquer l'importance des mathématiques.

Considérons le fondateur de la philosophie moderne, Descartes. Je l'ai rappelé, c'est un très grand mathématicien. Ce qu'il retient des mathématiques du côté de son entreprise proprement philosophique est clair : c'est l'idéal de la démonstration. Pour lui, le texte philosophique doit prendre la forme des « longues chaînes de raisons » qui constituent le propre des mathématiques. Mais on peut dire aussi qu'il utilise le détour par l'absurde. En effet, pour prouver l'existence de quelque chose, l'existence du monde extérieur, il ne procède pas directement, mais il monte la fiction d'un doute « absolu », un doute « hyperbolique », qui reviendrait à affirmer le néant de toute vérité et de toute expérience. Et il constate alors que le fait même de douter ne peut, lui, être mis en doute. C'est le fameux *Cogito*, qui établit un « point » de vérité (le « j'existe ») par négation de la négation absolue qu'est le doute. Par ailleurs, pour prouver l'existence de Dieu, il va proposer explicitement plusieurs preuves, cette fois, en général, constructives. Par exemple, de ce qu'il est assuré que j'ai une idée de l'infini, alors que je suis fini, résulte l'existence nécessaire d'un être infini qui a créé en moi cette idée. Le détail de la preuve est plus complexe, plus « mathématique », en somme… La mathématique est, chez Descartes, omniprésente, en tant que paradigme de la pensée rationnelle.

Prenons Spinoza, toujours au XVIIe siècle. Il commence *L'Éthique* en disant que s'il n'y avait pas eu les mathématiques, l'homme serait resté dans l'ignorance, en particulier parce qu'il aurait continué à tout expliquer par les « causes finales », les mythologies, l'action de puissances surnaturelles. Spinoza inscrit donc lui-même son éthique dans l'idée qu'elle est, en un certain sens, une conséquence possible de l'existence des mathématiques. Le rôle capital des mathématiques, pour lui, est d'avoir discrédité les explications par les causes finales, d'avoir banni du champ philosophique la finalité, encore si importante dans la tradition aristotélicienne, et de s'en tenir aux enchaînements déductifs. Spinoza, comme du reste le fait Platon, distingue trois genres de connaissance : le premier est un mélange de représentation sensible et d'imagination, il est ce qu'on pourrait appeler l'ignorance ordinaire. Le second est la connaissance conceptuelle ordonnée, la démonstration point par point, et le paradigme de cela, ce sont les mathématiques. Le troisième genre est la fréquentation intuitive de Dieu, qui est le nom de la Nature, ou de la Totalité, et c'est la connaissance proprement philosophique. Mais Spinoza précise bien que sans l'accès au second genre, il ne saurait être question de parvenir au troisième. Et, du reste, il dispose son livre exactement comme l'étaient les traités mathématiques de son époque, sur le modèle des *Éléments* d'Euclide : définitions, postulats, propositions… La philosophie est ainsi exposée *more geometrico*, sur le mode géométrique. C'est dire l'intimité qu'il y a entre philosophie et mathématiques.

Un siècle plus tard, que dit Kant des mathématiques ? Dans son introduction à sa *Critique de la raison pure*, il répète leur absolue nécessité pour que la philosophie existe, et singulièrement la philosophie critique que, dans l'esprit des Lumières, il entend fonder. La question critique qu'il pose, « D'où vient l'universalité des sciences ? », n'aurait en effet pas lieu d'être s'il n'y avait pas de science ; et s'il n'y avait pas de mathématique, il n'y aurait pas non plus, comme Newton en est la démonstration, de science de la nature. Il ajoute aussi, et cela m'a toujours touché, que l'invention des mathématiques est le résultat du « génie d'un seul homme », qui dans son esprit est Thalès. Kant tient donc aussi à montrer que l'apparition des mathématiques n'est pas une nécessité historique, c'est une contingence inventive. Les mathématiques n'ont pas été créées pour que Kant puisse poser la question critique de la provenance de l'universalité rationnelle, elles ont été créées par hasard, un jour, par le génie d'un seul homme. Comme si c'était une esthétique contingente. Mais cette contingence crée la possibilité de la question critique, qui définit l'entreprise philosophique.

Il faut tout de même ajouter un point, qui anticipe le jeu des deux conceptions possibles des mathématiques dont nous parlerons tout à l'heure et qui se disputent depuis des siècles : la réaliste (ou platonicienne), qui dit que l'objet des mathématiques existe en dehors de nous, et la formaliste, qui dit que les mathématiques sont une pure création, et en particulier la création d'une langue formelle spéciale. La conception des mathématiques, chez Kant, est une conception « apriorique », ce qui veut dire que l'organisation de la pensée mathématique ne provient pas de l'expérience concrète, mais qu'elle lui est antérieure, qu'elle existe, au regard de l'expérience, *a priori* et non *a posteriori*. En somme, Kant soutient que ce qui est en jeu dans les sciences formelles – et aussi, mais c'est une autre question, dans les sciences expérimentales – relève de l'organisation subjective de la connaissance humaine, de ce qu'il appelle le sujet transcendantal. Si la rationalité est universelle, pour Kant elle ne l'est pas parce qu'elle touche un réel, elle est universelle parce qu'elle renvoie à une structure universelle de la subjectivité cognitive elle-même. Si tout le monde est d'accord sur la démonstration mathématique, ce n'est pas parce que ça renvoie à quoi que ce soit qui toucherait à la chose en soi ou au réel du monde, c'est parce que la structure intellectuelle humaine obéit à un paradigme unique, de sorte que ce qui sera une démonstration pour l'un sera une démonstration pour l'autre. Je pense qu'il s'agit là d'une version sophistiquée de la thèse formaliste. Plus tard, pour Wittgenstein, la mathématique ne sera qu'un jeu de langage parmi d'autres, qu'il ne faut surtout pas absolutiser. Kant ne dirait pas cela, car la mathématique est pour lui réellement universelle et irréfutable pour des entendements comme le nôtre. Cependant, c'est un formalisme tout de même, un formalisme transcendantal : les mathématiques ne sont pas universelles parce qu'elles pensent des structures formelles de l'être en tant qu'être, mais parce qu'elles sont un langage codé de la même façon pour tout le monde. Cependant, pour Kant comme pour Descartes ou Spinoza, les mathématiques, dès qu'inventées par Thalès, ouvrent la voie infinie de la science, et si elles n'existaient pas – après tout, l'homme existait depuis des dizaines de milliers d'années quand les Grecs ont inventé la géométrie et l'arithmétique démonstratives –, la question philosophique (d'où provient qu'il existe des jugements universellement vrais ?) serait informulable ou sans réponse.

Vous semblez pointer là une sorte de préséance des mathématiques sur la philosophie ?

Sur ce point il n'y a que deux orientations, dont une seule, pour moi, est valable. Je pense que le rapport de fond entre la philosophie et les mathématiques est effectivement un rapport de révérence, si je puis dire. Quelque chose dans la philosophie s'incline devant les mathématiques. Si en effet la philosophie ne s'incline pas devant les mathématiques, elle les néglige, elle les rejette, elle pense, comme Wittgenstein, qu'il n'y a rien dans les mathématiques qui puisse intéresser l'existence humaine – c'est la deuxième orientation dont je parlais, contre laquelle je m'inscris complètement en faux. Il n'y a pas de demi-mesure. Certes, on sait bien qu'un « nouveau philosophe » ne s'intéresse absolument pas aux mathématiques. Il s'intéresse à l'opinion publique, il s'intéresse à la religion musulmane, il s'intéresse au « totalitarisme », aux élections cantonales, à des tas de choses, mais pas aux mathématiques. Et à mes yeux, c'est une faute. C'est une faute au regard de l'exigence de rationalité qui a été lentement façonnée et organisée par la grande histoire de la philosophie, quelles que soient d'ailleurs les conséquences, les affirmations et les positions ultimes des différents philosophes. Entre la passion platonicienne pour les mathématiques et la sévère critique du concept strictement mathématique de l'infini chez Hegel, il y a un abîme. Mais Hegel connaît les mathématiques de son temps, à savoir l'œuvre d'Euler. Dans sa *Logique*, il consacre au calcul différentiel une note profonde. J'en veux non pas aux appréciations diverses de l'importance des mathématiques, mais à l'indifférence et à l'ignorance, qui sont à mes yeux des fautes si graves qu'elles interdisent qu'on se déclare philosophe, même en accrochant au mot l'épithète « nouveau ». Et j'allais jusqu'à évoquer un rapport de révérence, parce que la philosophie ne peut pas rencontrer les mathématiques accidentellement, ou comme un chapitre épistémologique convenu, elle ne peut être saisie par les mathématiques qu'à son commencement même. En tant que science de l'être, les mathématiques sont cruciales dès le début, dès qu'on entre en philosophie. Je suis entièrement d'accord avec la maxime de l'École platonicienne, que je répète pour mon propre compte : « Que nul n'entre ici s'il n'est pas géomètre. » Et « ici », ce n'est pas seulement une école, c'est la philosophie elle-même.

Un élément important dans cette affaire tient aussi à ce que, dans une large mesure, la mathématique échappe à la singularité des langues. Bien sûr, quand on enseigne les mathématiques en Chine, on parle chinois, mais, en définitive, la mathématique en elle-même n'appartient à aucune langue. Il y a une sorte de langue mathématique, mais elle n'est ni le français, ni l'anglais, ni le chinois. D'une certaine façon, cette langue, qu'on peut toujours formaliser, ramener à une suite de signes conformément à des règles fixes, est hors-langue. Or la philosophie s'est toujours inquiétée de la question de la multiplicité des langues, car elle peut toujours se demander : « Mais qu'est-ce que ma pensée doit à cette langue qui est singulière ? Est-ce que la singularité d'une langue ne fait pas que mon discours prétendument universel ne l'est pas autant qu'il le désire ? » Et l'on sait bien qu'il y a même quelques philosophes qui ont été tentés d'affirmer : « Oui, mais certaines langues ont une portée universelle. » Certains ont proposé l'allemand, d'autres – souvent les mêmes – le grec. Il est tout à fait remarquable que Descartes soit un des rares philosophes à dire que cette question ne l'intéresse pas du tout et à soutenir explicitement que la Raison peut se faire entendre de la même manière dans n'importe quelle langue, même, précise-t-il, le « bas breton ». Mais cette question des langues joue, qu'on le veuille ou non. Or la mathématique est précisément une procédure de pensée qui contourne la singularité de la langue. Pourquoi ? Parce que la langue maternelle, la langue ordinaire, n'est pas à proprement parler la langue de la mathématique, c'est la langue de son exposition, ou de son apprentissage, ce qui n'est pas la même chose.

N'allez pas croire, cependant, que je pense que la philosophie doit admirer, et même révérer, exclusivement, le langage mathématique. Pas du tout ! La mathématique s'intéresse, ou s'agrippe, à la dimension la plus formelle, la plus abstraite, la plus universellement presque vide, de l'être comme tel. Il est aisé de soutenir, comme nous le verrons plus loin, que tout ce qui existe compose une multiplicité. Alors, nous soutiendrons que la mathématique étant la théorie générale des différentes formes dans lesquelles les multiplicités acquièrent une certaine consistance, elle est une théorie de ce qui est, non en tant qu'il est ceci ou cela, mais simplement en tant qu'il est. Cependant, le rapport de pensée à l'être en tant qu'être n'est certainement pas la totalité du rapport des sujets au monde, absolument pas. La mathématique, ce n'est pas du tout la science de la différence entre un feuillage d'automne et un ciel d'été ; elle dit seulement que de toute façon, tout ça, ce sont des multiplicités, des formes qui ont quelque chose en commun, le fait d'être, tout simplement. Et ce sont les formes abstraites de ce « commun » que la mathématique essaie de penser.

C'est une expérience philosophiquement nécessaire, mais certainement pas suffisante. Pour ma part, je me sers au moins autant de la poésie. Or la poésie est l'autre extrémité du langage. Parce que la poésie est ce qui fouille dans le langage pour le contraindre à nommer ce qu'antérieurement il n'arrivait pas à nommer. Et donc la poésie s'enfonce dans la langue maternelle, dans la singularité d'une langue. Mais à l'intérieur de cette singularité de la langue, elle va se livrer à des opérations de dénomination, de transposition, de comparaison métaphorique, etc., d'une amplitude telle qu'en fin de compte elle touche aussi quelque chose d'universel. On pourrait dire que le poème exagère la singularité de la langue jusqu'à sa limite, jusqu'au hors-langue. Alors que les mathématiques procèdent d'emblée à l'extérieur de la singularité des langues. Deux chemins contrastants, mais tous deux en direction du réel, de l'universalité.

Mais les mathématiques développées en Inde, en France ou en Chine aujourd'hui sont-elles les mêmes ? Sont-elles véritablement imperméables aux spécificités culturelles ou linguistiques ? Ce serait là la confirmation de l'admirable universalité que vous évoquiez.

En définitive, oui. S'il existe une authentique Internationale, aujourd'hui, c'est bien celle des mathématiciens. Sans doute parlent-ils tous anglais entre eux, comme tout le monde, mais, avant tout, ils « parlent mathématiques » – comme à vrai dire nous devrions parvenir, un jour, à parler tous « politique communiste », fût-ce en anglais... Il existe bien entendu des écoles mathématiques, ou des « moments historiques » mathématiques, à coloration nationale. Rappelons qu'au Moyen Âge c'est Bagdad qui est la capitale incontestée de la pensée mathématique. Et je peux donner d'autres exemples, en vrac : autour de Monge, à l'époque de la Révolution française ou de Napoléon, il y a une brillante école française de géométrie. Au cœur du XIXe siècle, l'Allemagne, avec Riemann, Dedekind, Cantor, brille de tous ses feux. L'école polonaise de logique mathématique, vers les années vingt et trente du siècle dernier, avec en particulier Tarski, est tout à fait remarquable. À la suite du très exceptionnel Ramanujan, on peut jusqu'à aujourd'hui parler d'une étonnante école indienne de théorie des nombres. Dans ce domaine, d'ailleurs, de Hardy à Wiles, les

Anglais ne sont pas en reste. On pourrait citer bien d'autres exemples, russes, italiens, américains, brésiliens, hongrois... Il est évident que peu à peu les mathématiques révèlent des génies fondateurs dans pratiquement toutes les zones du monde. Mais, à chaque fois, leur œuvre est adoptée avec enthousiasme par la confrérie mondiale des mathématiciens, sans que des questions de langue et de culture interviennent de façon significative. Ainsi, on peut dire que oui, les mathématiques traversent de façon impérieuse et visible les particularités nationales, sans jamais s'y enfermer, comme devraient le faire, et le feront, toutes les procédures de vérité, y compris les plus apparemment « culturelles », telles que les arts, et, bien entendu, les politiques. C'est une raison supplémentaire pour que la philosophie, qui a créé l'universalité comme sa valeur propre, révère l'Internationale mathématicienne.

On peut néanmoins avoir aujourd'hui l'impression que ce dialogue entre mathématiques et philosophie, ou cette révérence que vous évoquiez, sont doublement rompus : vous souligniez le fait que les philosophes s'intéressent peu aux mathématiques, mais, symétriquement, nombre de scientifiques, physiciens ou mathématiciens de haut niveau, pratiquent leur discipline sans se poser de questions. Comme si s'était installé un positivisme justifiant que l'on puisse faire des mathématiques ou des sciences sans s'interroger sur leur universalité, sur leur vérité propre. Comment expliquez-vous cela ?

La responsabilité est du côté des philosophes. Franchement, j'absous les mathématiciens ! Il y a assurément parmi eux quelques philosophes : comme je le disais, autrefois, de Descartes à Poincaré, cela était certain, mais cela existe encore aujourd'hui. Dans la partie que je connais le mieux, la théorie moderne des ensembles, je peux dire, par exemple, que la méditation de Woodin – sans doute le plus impressionnant spécialiste de ce qu'on appelle la « théorie descriptive des ensembles », à savoir la théorie fine des nombres réels –, méditation qui concerne les différentes significations du mot « infini », a une indéniable tenue philosophique. Cela dit, les mathématiciens ont toujours eu le droit de faire des mathématiques jour et nuit pour leur satisfaction personnelle, ou pour la satisfaction d'en mettre plein la vue aux sept collègues qui comprennent la même chose qu'eux. Ils peuvent donc s'enfoncer dans un problème difficile sans se demander à chaque fois si les mathématiques sont une ontologie ou un jeu de langage. Je leur pardonne volontiers leur commune négligence philosophique, car en dévouant leur existence à une recherche aussi tendue, d'apparence aussi ingrate, ou éprouvante, ils rendent un service éminent à l'humanité en général.

D'ailleurs, il faut dire ce qui est, il y a beaucoup de mathématiciens qui sont des gens bizarres, des subjectivités tourmentées ou singulières. Prenez par exemple Grigori Perelman, ce mathématicien contemporain russe absolument génial, qui a démontré une conjecture faite il y a un siècle et qui avait résisté aux efforts d'une pléiade de connaisseurs de premier plan. Eh bien, il vit en ermite dans une cabane forestière, il est largement coupé du monde et ne parle qu'à sa vieille mère, il refuse la médaille Fields que convoite toute la corporation... C'est un mystique, en fait, et il est en ce sens une sorte de philosophe spiritualiste, dans la tradition russe. Les deux plus grands génies fondateurs de la théorie des ensembles et de la logique mathématisée, Cantor et Gödel, étaient fort singuliers. Le premier écrivait au pape pour vérifier l'orthodoxie de sa pensée de l'infini, puis inventait une nouvelle théorie selon laquelle Shakespeare n'était pas

Shakespeare. Le second redoutait que des collègues n'empoisonnent l'eau de son robinet. Voyez un jeune génie comme Évariste Galois, inventeur de la théorie algébrique des groupes et plus généralement de l'esprit constructif de l'algèbre moderne. C'est un personnage typiquement romantique, qui, arrêté pour rébellion dans l'esprit des « Trois Glorieuses » de 1830, note jour et nuit dans sa prison ses pensées foudroyantes, et qui meurt en 1832, à vingt ans, dans un duel stupide pour une fille dont il écrit à son meilleur ami, juste avant de se faire tuer, qu'elle n'en vaut franchement pas la peine. Bien entendu, d'immenses génies, comme Gauss ou Poincaré, sont aussi de solides académiciens, des gens réfléchis et bien installés dans l'univers social qui est le leur. Mais les mathématiciens peuvent parfaitement être, comme les poètes, des personnages anarchisants et romantiques, ou contemplatifs et retirés. Parce que ce qui compte, finalement, en mathématiques, c'est l'invention, qui surgit souvent au bout de nuits d'un travail incertain, dans une espèce d'intuition contingente. Il y a un texte fameux où Poincaré explique qu'un problème sur lequel il suait depuis des semaines et des semaines s'est éclairci tout d'un coup alors qu'il mettait le pied sur une marche d'autobus. C'est aussi ça, les mathématiques. Alors ne leur cherchons pas noise. Il n'y a pas de « nouveaux mathématiciens » dont l'unique désir serait de consolider la politique réactionnaire dominante, c'est déjà ça...

C'est donc la faute aux philosophes, si philosophie et mathématiques divergent ?

Absolument. Et non seulement à cause de leur dégénérescence partielle, mais parce que les philosophes ont à partir d'un certain moment – sous des prétextes ou des raisons qui mériteraient d'être examinés – cessé de croire que la philosophie pouvait assumer l'ensemble de ce que j'appelle ses conditions, et que je ramène à quatre « genres », lesquels sont pour moi autant de formes de ce que j'appelle des vérités : les sciences, vérités cognitives ; les arts, vérités sensibles ; les politiques, vérités collectives ; et les amours, vérités existentielles. La plupart des philosophes professionnels de notre temps ont cessé de croire que la philosophie – comme elle l'affirmait clairement du temps de Hegel, ou encore du temps d'Auguste Comte, de Searle ou de Bachelard – exige, et c'est un strict minimum, d'avoir un rapport réel aussi étendu que possible à ce système extrêmement complexe de conditions. Ils ont cessé de penser, nos philosophes professionnels, que l'idée d'une philosophie spécialisée n'avait en réalité aucun sens. Que la philosophie puisse être la philosophie de ceci ou de cela, qu'elle ait des « objets » spéciaux, cela relève, au plus mauvais sens du terme, de ce que Lacan appelle le « discours de l'Université ». La philosophie, c'est la philosophie, c'est-à-dire ce qui soutient un rapport singulier et total aux sciences, aux arts, aux politiques et aux amours. Il y a donc eu là une grave capitulation philosophique.

Quand s'effectue historiquement cette capitulation, cette « séparation » entre les mathématiques et la philosophie ?

Il s'agit selon moi d'un tournant qui s'amorce à la fin du XIXe siècle, un tournant que je qualifierais volontiers d'antiphilosophique en un certain sens, avec de grandes vedettes comme Nietzsche ou Wittgenstein, de grandes stars dont je reconnais le génie, mais qui ont modifié le programme de la philosophie dans une direction qui n'était pas du tout la sienne depuis Platon. En particulier, ce sont eux qui ont abandonné l'idée qu'on devait assumer le caractère *complet* et systématique de la philosophie. D'où la possibilité d'une indifférence aux mathématiques. À mes yeux, cette rupture est d'autant plus grave que les mathématiques déployées à partir de la fin du XIXe siècle sont justement des mathématiques qui bouleversent beaucoup de choses dans les concepts philosophiques les plus essentiels.

Pouvez-vous nous donner un exemple ?

Je retiendrai le concept de l'infini, son histoire, l'état contemporain de la question et ses conséquences. Rien que sur ce point, dans les cinquante dernières années, se sont déployées dans les mathématiques des recherches saisissantes de nouveauté, de profondeur. Si vous les ignorez, il se produit ceci que, lorsque vous prononcez le mot « infini », vous ne savez en réalité pas de quoi vous parlez. Parce que les mathématiciens, eux, ont fait travailler ce concept, ils l'ont porté à un degré de complexité inouï. Si vous ignorez certains théorèmes des années soixante-dix ou quatre-vingt sur les nouvelles figures de l'infinité mathématique, ce n'est pas la peine de prononcer le mot infini – du moins dans le contexte de la pensée rationnelle.

De même, en philosophie on continue de parler de « la logique », mais si vous ne regardez pas de près ce qui se passe en logique au niveau de sa constante re-création formelle, vous avez du mot « logique » une compréhension pauvre et fausse. En réalité, aujourd'hui, la logique, ou plutôt les logiques, sont devenues une partie des mathématiques. Nous y reviendrons. Mais il est clair que le philosophe ne peut ignorer la logique, et donc, aujourd'hui, la logique mathématisée.

Ces deux exemples montrent que la philosophie, si elle se sépare des mathématiques, court à l'abîme, un nombre considérable des concepts qui lui sont nécessaires devenant, par le simple effet de l'ignorance, obsolètes.

Pour récapituler, je dirai qu'il y a eu, entre les mathématiques et la philosophie, une rupture. Cette rupture a des raisons historiques : le romantisme philosophique, de Hegel à l'existentialisme sartrien, s'est éloigné de la rationalité analytique et démonstrative. Et, à partir de la Révolution française, le souci neuf de l'Histoire a valorisé les mouvements, les révolutions, la négativité, au détriment de l'espèce de contemplation *sub specie aeternitatis* des vérités mathématiques, qui deviennent intemporelles dès qu'elles sont établies. Il y a eu également des raisons institutionnelles : la croissante séparation académique des disciplines, la constitution des études littéraires et des études scientifiques en deux ensembles très fortement disjoints. Quoi qu'il en soit, cette rupture a eu des effets désastreux du point de vue de la philosophie elle-même. Elle a entraîné, sur des concepts qui continuent d'avoir cours en philosophie, l'abandon des conditions réelles de leur existence et de leur formation, les philosophes étant à quelques kilomètres derrière ce que les mathématiciens définissent et prouvent concernant ces concepts.

Je crains que remédier à cela ne soit une longue affaire, mais il faut commencer à faire propagande sur le plaisir mathématique d'une part, et d'autre part à reconstruire l'ambition d'une métaphysique rationnelle.

III

DE QUOI PARLENT LES MATHÉMATIQUES ?

Il me semble important, avant d'aller plus loin, de définir un peu plus précisément ce que sont les mathématiques. Russell disait qu'elles sont un domaine « où on ne sait pas de quoi on parle et où on ne sait jamais si ce qu'on dit est vrai ». Pourriez-vous tout de même nous en dire un peu plus ?

Sacré Russell ! Je voudrais d'abord remarquer que la question de la définition des mathématiques n'est pas une question mathématique. C'est un point très important. Dès que vous entrez dans la question « Qu'est-ce que les mathématiques ? », vous basculez dans la philosophie, vous faites de la philosophie.

Les philosophes se sont beaucoup intéressés à cette question, ils ont même réussi à y intéresser certains mathématiciens – ceux qui avaient la culture encyclopédique la plus vaste –, des gens comme Poincaré, ou même plus récemment Grothendieck, mais cela demeure toutefois une question philosophique.

On peut évidemment commencer par une sorte de description élémentaire. Dès les Grecs, les mathématiques portent sur plusieurs domaines articulés. Pour eux, il y en a essentiellement deux. D'abord la géométrie, qui étudie les objets et structures disposés dans l'espace, à deux dimensions, c'est la géométrie plane (le triangle, le cercle, etc.), ou à trois dimensions, c'est la géométrie dans l'espace proprement dite (le cube, la sphère, etc.). Ensuite l'arithmétique, qui étudie les nombres. Le lien entre les deux est la très importante et difficile question de la mesure : un segment de droite, une fois fixée une unité, possède une longueur, qui est justement un nombre. D'où des problèmes immédiatement très complexes, et qui dès le début de la mathématique démonstrative opèrent une sorte de mélange entre géométrie et arithmétique. Un exemple très connu : connaissant la longueur d'un rayon du cercle, peut-on calculer la longueur du cercle lui-même ? C'est là qu'apparaît le nombre π : si R est la longueur du rayon du cercle, alors la longueur du cercle lui-même est le produit $2\pi R$. Ce qui est remarquable est que la nature réelle du nombre π ne sera établie qu'au XIXe siècle : on aura alors seulement démontré (et ce n'est pas facile !) pourquoi π ne peut pas être un nombre entier, ni le rapport de deux nombres entiers (une fraction, qu'on appelle aussi un nombre rationnel), ni même la solution d'une équation dont les coefficients sont des nombres entiers. Ces nombres rebelles à tout calcul simple sont maintenant appelés des nombres « transcendants », et composent à eux seuls une partie significative de l'arithmétique moderne.

Cette distinction fondamentale entre les structures « spatiales » et les structures « numériques » demeure aujourd'hui, sous une forme beaucoup plus ample. Le grand traité « total » de mathématique moderne, engagé en France dans les années trente du dernier siècle par un groupe de mathématiciens qui se sont donné le nom de « Bourbaki », distingue d'emblée les structures algébriques, lesquelles sont les possibles structures (addition, soustraction, division, extraction de racines, etc.) qui organisent des calculs, et les structures topologiques, lesquelles permettent de penser les agencements spatiaux (les voisinages, l'intérieur et l'extérieur, les connexions, ce qui est ouvert et ce qui est fermé, etc.). On a là une évidente descendance de la distinction entre arithmétique et géométrie. Les problèmes mathématiques les plus complexes et les plus passionnants sont alors évidemment ceux qui combinent les deux orientations, notamment les redoutables problèmes de géométrie algébrique.

Mais nous n'en sommes là qu'à un niveau descriptif élémentaire. Le vrai problème philosophique est de savoir quelle est la nature de la pensée mathématique en général, quel que soit son domaine d'investigation. Or, quant à cette question, il y a eu historiquement des réponses d'apparence très variable. Je pense cependant, comme je le disais tout à l'heure, qu'il existe deux directions principales. D'abord, celle qui tire les mathématiques du côté d'une vocation ontologique ou, à tout le moins, disons, « réaliste », les mathématiciens eux-mêmes disent souvent « platonicienne ». Dans cette vision des choses, les mathématiques sont une partie de la pensée de ce qu'il y a, de ce qui est. Quant à savoir à quel niveau, comment, etc., c'est assez complexe. Mais disons à ce stade qu'elles seraient un mode d'approche du réel, y compris le plus insaisissable. Et c'est, au fond, parce qu'on doit faire la supposition qu'il y a dans ce qui existe un niveau de généralité ou d'universalité qui est en quelque sorte immatériel. Il y a des structures qui se retrouvent dans tout ce qui existe. L'étude de ces structures en tant que telles, des possibilités structurales, est précisément l'enjeu des mathématiques.

Ce qui explique d'ailleurs cette chose très étrange – dont même Einstein s'étonnait –, qui est que la physique, c'est-à-dire la théorie scientifique du monde réel, ne saurait exister sans les mathématiques. Comme le disait en substance celui qui a été l'un des fondateurs de cette physique, Galilée, le monde est écrit en langue mathématique. Cette première orientation affirme que les mathématiques ont un rapport essentiel avec la totalité de ce qui existe.

Et puis il y a une autre orientation, que j'appelle « formaliste », qui consiste à dire que les mathématiques sont un simple jeu de langage, autrement dit la codification d'un langage certes formellement rigoureux, puisque les notions de déduction, de preuve, y sont en effet normatives et formalisées, mais sans que cette rigueur puisse se prévaloir d'un rapport constant avec le réel empirique. L'argument souvent avancé en faveur de cette thèse, c'est que, « après tout, les axiomes mathématiques peuvent changer », et qu'il y a donc plusieurs univers mathématiques possibles. Ce débat a été engagé dès le début du XIXe siècle, quand on a compris qu'il y avait plusieurs géométries possibles : la géométrie d'Euclide, qui avait régné jusque-là, mais aussi la géométrie de Lobatchevski, puis celle de Riemann. Rappelons cette histoire. Pendant des siècles, on a tenu pour une évidence que par un point extérieur à une droite peut passer une et une seule droite parallèle à la première. Cette évidence était dictée par notre perception. On a tenté mille fois de la démontrer à partir des autres axiomes de la géométrie classique, sans succès. Mais voici que Lobatchevski (1829) a rejeté l'axiome, affirmant que par un point pouvaient passer plusieurs droites parallèles à une droite donnée. Et au lieu d'aboutir à une contradiction, il a ainsi inventé une géométrie non euclidienne, mais cohérente et féconde. Plus tard, Riemann (1854) a assumé l'axiome selon lequel il n'existe aucune droite parallèle à une droite donnée. Et cela était non seulement cohérent avec les autres axiomes classiques, mais a fourni à Einstein et à la physique relativiste un cadre géométrique naturel. Et puis aujourd'hui, où fourmillent les structures mathématiques de tous ordres, on peut en effet avoir le sentiment que tout cela relève d'une espèce de libre invention humaine, qui se donne des principes initiaux, des axiomes, des règles logiques spécifiques et en tire les conséquences, mais qu'il ne s'agit à la limite que d'un jeu formel. Un jeu mental supérieur où il faut identifier les procédures démonstratives comme des règles – les règles du jeu – et les axiomes comme des données initiales du jeu. Et les conséquences, c'est ce qu'on arrive à gagner en appliquant les règles aux données initiales. Donc, un grand théorème n'est jamais qu'un jeu bien mené, un jeu gagné. C'est dans cette voie que s'est engagé, comme on sait, avec tout le brillant dont il est capable, le logicien antiphilosophe Ludwig Wittgenstein. Il est à mon avis très symptomatique que sa considération des mathématiques comme pur jeu de langage, finalement sans sérieux véritable, l'ait finalement conduit à une sorte de mépris ironique des plus hautes ambitions de la mathématique contemporaine. Il crible par exemple de sarcasmes la théorie des ensembles. Il est vrai qu'un des plus grands créateurs, aussi bien en logique pure qu'en théorie des ensembles, à savoir Kurt Gödel, était un platonicien convaincu. Le conflit entre l'orientation réaliste et l'orientation formaliste – ou langagière – était à ce point véhément, pendant tout le siècle dernier, que d'indiscutables génies, philosophes et/ou mathématiciens, pouvaient se trouver dans des camps antagoniques. Mais à vrai dire, ce débat sur ce que sont les mathématiques existe depuis le début. J'ai rappelé qu'Aristote considérait les mathématiques comme principalement esthétiques. Il les voyait donc sans rapport avec le réel, comme une création arbitraire qui produit une certaine jouissance de la pensée. À l'inverse, pour Platon, les mathématiques étaient au fondement même du savoir rationnel universel : le philosophe devait commencer absolument par la mathématique. Même s'il la dépassait, son apprentissage premier était celui de la mathématique. Platon considérait par exemple que les chefs politiques feraient bien de faire au moins dix ans de mathématiques supérieures. Il indiquait qu'il ne fallait pas qu'ils se contentent du minimum, parce qu'ils devaient faire en particulier de la géométrie dans l'espace. La géométrie dans l'espace venant de naître à l'époque de Platon, on peut dire que pour ce dernier le vrai responsable de l'État idéal devait ressembler, non pas au très réactionnaire président Raymond Poincaré, largement responsable de la guerre de 14-18, mais au génial mathématicien Henri Poincaré. Au fond, pour Platon, la bonne méthode aurait été de sélectionner comme président de la République les prix Nobel ou les médailles Fields. On voit là qu'il s'agit d'une tout autre option politique que celle qui nous domine aujourd'hui...

Dans la conception formaliste des mathématiques, les axiomes de départ ont un statut qui se veut arbitraire, affranchi de notre intuition, autrement dit sans valeur de vérité absolue. Mais n'est-ce pas en réalité assez factice ? Peut-on vraiment penser qu'une définition arbitraire créerait un objet mathématique, comme les entiers naturels par exemple ? N'est-ce pas plutôt parce que les entiers naturels préexistent et ont des propriétés nécessaires qu'on peut ensuite s'attacher à les exprimer, à les formaliser par des axiomes ? Lorsque Russell, par exemple, reconstruit la notion de nombre à partir de la théorie des ensembles : tous les trios, ensembles comptant trois éléments, forment une famille d'ensembles à laquelle sera associé le nombre 3. Très bien, mais peut-on vraiment parler de trios sans avoir déjà l'intuition du nombre 3 ? N'y a-t-il pas là un étrange tour de passe-passe ?

Oui, sans doute... Mais voyez-vous, l'intuition du nombre 3, probablement accessible à l'animal humain depuis ses origines, ne délivre encore par elle-même aucune mathématique. Si par contre vous écrivez le nombre 235 678 981, cela ne correspond à aucune espèce d'intuition. Cela ne vous représente rien que vous puissiez intuitivement distinguer de 235 678 982. Sinon par l'écriture, mais l'écriture de quoi ? Là est toute la question. La pensée mathématique fait une timide apparition si vous dites que 235 678 982 est le « successeur » du nombre 235 678 981. Mais vous voyez alors que ce qui compte vraiment est le mot « successeur », lequel désigne en fait une opération, et donc finalement une structure, en l'occurrence celle de l'addition : si le nombre n existe, quel que soit n, alors il existe aussi le nombre $n + 1$, qu'on nommera le successeur de n. Mais pourquoi « le » successeur ? Ne pourrait-il y en avoir plusieurs ? Non, ce n'est pas possible, parce que la structure additive des nombres naturels exige qu'entre n et $n + 1$, il n'existe aucun nombre. Mais alors, me direz-vous, qu'est-ce que veut dire « entre » ? Eh bien, le mot se réfère à une autre structure, la structure d'ordre, qui formalise – et transforme en profondeur – les notions de « plus grand » et « plus petit ». Si n est plus petit que q, et q plus petit que r, alors q est situé « entre » n et r. La notation que tout le monde connaît le montre de façon quasiment spatiale : on écrit en effet $n < q < r$. Tout cela revient à dire que les nombres entiers naturels sont en tout cas dotés de la structure algébrique d'addition et d'une structure d'ordre. On pourra remarquer ensuite que cette structure d'ordre est « discrète » au sens suivant : il existe des « trous », ou des « blancs », dans la chaîne ordonnée. En effet, entre n et $n + 1$, il n'y a aucun nombre entier naturel. Si l'on ne prend en considération que les entiers naturels, on peut vraiment dire qu'entre n et $n + 1$, il n'y a rien. Ce « rien », si l'on dit que c'est un nombre (ce que les algébristes arabes ont les premiers osé faire), s'intégrera, sous le nom de « zéro », dans la structure additive de la façon suivante : si vous ajoutez zéro à un nombre n, eh bien vous avez toujours n. On dit que zéro est l'élément neutre pour l'addition. Et il s'intégrera aussi à la structure d'ordre, en ce que zéro, en tant que nom du rien, est sûrement plus petit que tous les autres nombres. Il est donc, pour la structure d'ordre, un minimum.

Vous pouvez ainsi continuer à déplier les nombres entiers naturels dans l'articulation entre de nombreuses structures : l'addition, la multiplication, la division, la décomposition en facteurs premiers, et bien d'autres encore.

Vous avez alors constitué, bien loin de l'intuition primordiale, inframathématique, du 1, du 2 ou du 3, une science prestigieuse : l'arithmétique élémentaire. La tentation est grande, dans ces conditions, de dire que les nombres entiers naturels sont réductibles à un enchevêtrement structural, lui-même résultat d'axiomes que l'on peut modifier pour obtenir la substance formelle d'autres prétendues intuitions. Un seul exemple : nous avons dit qu'entre un nombre n et n + 1, alors que nous avons clairement n < n + 1, il n'existe aucun nombre. L'intervalle est vide, c'est un trou. Nous pouvons constater que ce n'est pas vrai pour des fractions (constituées de nombres entiers naturels). Si nous avons $a/b < c/d$, nous avons certainement au moins une fraction située entre les deux. Pour le voir, prenez par exemple la somme des deux fractions divisée par deux. C'est-à-dire (faites le calcul, je ne demande ici, et dans tout ce texte, que de savoir additionner deux fractions…) $(ad + bc)/2bd$. Et vous montrez ensuite que ce nombre fractionnaire est plus grand que a/b et plus petit que c/d, et qu'il est donc situé entre les deux (en fait, il est exactement au milieu). Par conséquent, l'ordre, sur ces fractions, n'est pas discret : c'est un ordre dense, ce qui veut d'abord dire qu'entre deux fractions différentes il y a toujours au moins une troisième fraction, différente des deux premières. Mais entre la première fraction, a/b, et celle, $(ad+bc)/2bd$, dont nous venons de montrer qu'elle est « au milieu » de l'intervalle entre a/b et c/d, il doit donc, en faisant la même construction, exister encore une fraction. Et comme ce processus peut continuer « à l'infini », nous arrivons à la très forte conclusion suivante : entre deux fractions différentes, il y a toujours une infinité de fractions. Ce qui donne tout son sens à l'opposition de l'ordre discret et de l'ordre dense : là où il peut n'y avoir « rien » (entre deux nombres entiers successifs), il y a l'infini (entre deux fractions différentes).

Vous pourriez poser la question : pourquoi la démonstration d'infinité, qui marche pour les fractions, ne marche-t-elle pas pour deux nombres entiers naturels successifs, qui après tout sont aussi des fractions ? J'écris le nombre n « n divisé par 1 », soit $n/1$. Et le successeur de n peut s'écrire $n+1/1$. Alors ? Alors le calcul ci-dessus a pour résultat $n + 1/2$ qui est bien « entre » n et n + 1, mais qui a l'inconvénient... de ne pas être un nombre entier naturel. Le calcul est possible si l'on est dans la structure des nombres fractionnaires (nombres rationnels positifs), mais il ne l'est pas si l'on reste dans les nombres entiers naturels.

Peu à peu se constitue ainsi un édifice structural où les relations semblent l'emporter sur les entités, ou objets, voire en déterminer la nature et les propriétés. Il est donc tentant de réduire tous les prétendus objets « intuitifs » à des manipulations structurales, ou formelles, dont le principe n'obéit qu'aux décisions, aux choix du mathématicien. Ce qui alors « existe », ce sont des domaines structurés, qui n'ont de comptes à rendre qu'au formalisme qui les exhibe.

Mais tout de même ! Les règles logiques qui permettent de dérouler les conséquences des axiomes n'ont-elles pas un statut de vérité universelle ? Que des mathématiciens aient inventé des logiques autres que la traditionnelle logique binaire, soit. Mais celui qui énonce les principes d'une nouvelle logique continue de penser et de s'exprimer selon les principes d'identité et de non-contradiction de la bonne vieille logique traditionnelle : il ne dit pas blanc et noir en même temps, et les règles qu'il expose sont elles-mêmes logiquement cohérentes au sens classique du terme. Autrement dit, au-delà des constructions formelles que les mathématiques modernes ont pu générer, ne demeure-t-il pas tout de même une primauté de la logique classique, qui reste indépassable parce qu'elle traduit tout simplement les lois a priori *de notre esprit, comme l'affirmait Kant ?*

Voyez-vous, le cœur de la logique classique, ce qui semble l'imposer universellement aux esprits, porte fondamentalement sur la négation. Elle est, depuis Aristote, réglée par deux principes majeurs. D'abord, le principe de non-contradiction, que j'évoquais tout à l'heure : vous ne pouvez pas admettre, dans le même système formel, un énoncé p et sa contradiction non-p. Et ensuite le principe du tiers exclu : si non-p est faux, il faut que p soit vrai, et vous concluez que p est vrai. Il résulte de ces deux principes que la double négation, soit non-non-p, équivaut à l'affirmation simple, soit p. Or cet ensemble est aujourd'hui mis en question par l'apparition d'au moins deux logiques rivales, qui s'avèrent pertinentes dans le champ général de la pensée démonstrative.

D'abord, dès le début du siècle dernier, la logique intuitionniste a rejeté le principe du tiers exclu et bâti des systèmes formels cohérents qui en font l'économie. C'est une logique plus proche de notre expérience concrète que la logique classique : nous savons tous par exemple que, dans une réunion politique, il peut y avoir non pas uniquement deux positions exclusives l'une de l'autre, mais une troisième position qui est finalement la bonne, celle qui est vraiment ajustée à la situation. Dans ce cas, la position 2 est la négation de la position 1, et cette négation obéit au principe de non-contradiction : il est impossible que la position 1 et la position 2, qui se contredisent explicitement, soient vraies ensemble. Cependant, aucune des deux n'est vraie, puisque c'est la position 3 qui l'est. Dans ces systèmes, il est en général faux que la négation de la négation soit équivalente à l'affirmation simple.

Plus récemment est apparue la logique paraconsistante. Dans ce genre de système logique, c'est le principe de non-contradiction qui n'a pas de valeur générale, cependant que le principe du tiers exclu peut rester valide. On a alors des situations complexes. Prenons par exemple le cas de deux personnes qui aiment passionnément la même œuvre d'art et qui donnent, pour justifier leur conclusion admirative, des raisons contradictoires. Ces raisons peuvent être vraies l'une et l'autre, car une œuvre d'art supporte une infinité virtuelle de commentaires. D'un autre côté, cette positivité de la contradiction opère à l'intérieur d'une première conviction (les deux personnes aiment la même œuvre d'art) à laquelle le tiers exclu peut s'appliquer : entre « aimer l'œuvre » et « ne pas aimer l'œuvre », il se peut bien qu'il n'y ait pas de troisième position.

Or il s'est trouvé que ces trois styles logiques sont utiles, voire nécessaires, dans certaines branches des mathématiques. Certes, le courant mathématique principal se déploie toujours dans la logique classique. Mais dans le cadre de la théorie dite des Catégories, qui est en gros la théorie des relations « en général », sans spécification préalable d'objets déterminés, on peut voir que la logique paraconsistante est active. Dans certaines catégories proches de la mathématique des ensembles, comme la théorie des Topoï (un topos est une catégorie où l'on peut définir une relation proche de l'appartenance classique, le fameux $\in$), la logique est plutôt intuitionniste. Finalement, le contexte logique à son tour est devenu variable et n'impose plus à l'esprit, même en mathématiques, des lois immuables. La philosophie le sait depuis longtemps : dans le système hégélien, la négation de la négation n'est nullement identique à l'affirmation initiale. Sa logique est donc non classique. Dans mon propre système, la logique de l'être pur, de l'être en tant qu'être, est classique, la logique de l'apparaître est intuitionniste, et la logique de l'événement et des vérités qui en dépendent, du point de vue du Sujet, est paraconsistante.

Revenons alors au choix initial : vous, Alain Badiou, pour laquelle de ces deux grandes conceptions des mathématiques, réaliste ou formaliste, vous prononceriez-vous ?

Entre ces deux visions, et sans m'attarder davantage sur les arguments en faveur de l'une ou de l'autre, je choisis la première : il y a un « contenu » réel de la pensée mathématique. Il ne s'agit ni d'un jeu de langage – même si des formalismes complexes sont requis –, ni d'une dépendance de la pure logique. Je pense sur ce point comme la majorité des mathématiciens. Évidemment, il est de ma part un peu démagogique d'utiliser cet argument : comme vous le savez, même en politique, le concept de « majorité » n'est pas vraiment mon truc. Mais enfin, il est vrai que la majorité des mathématiciens sont « platoniciens ». Ils ne croient pas à la deuxième thèse, celle du jeu de langage, du formalisme intégral, qui est en vérité une thèse de provenance plutôt philosophique. Ils croient que les objets ou structures mathématisables « existent » en un certain sens. Pourquoi cette conviction ? Certainement parce qu'ils ont trop d'expérience que « quelque chose » résiste lorsqu'on fait des mathématiques, qu'on se frotte à une réalité difficile, rebelle. Mais alors, qu'est-ce qui résiste ? S'il s'agit d'un jeu qu'on a entièrement codé de part en part, ça devrait être comme les ouvertures aux échecs, ou quelque chose comme ça. Si on les connaît bien, jusque dans leurs développements lointains, on a déjà une supériorité stratégique forte. Or, en général, le mathématicien n'a pas du tout cette impression, il a l'impression que le chemin qui conduit à la solution d'un problème (chemin qui quelquefois peut prendre plusieurs siècles, comme le théorème de Fermat, ce qui n'est quand même pas rien) est un chemin qui fait toucher un réel, qui est doté d'une sorte de complexité intrinsèque. La nature exacte de ce réel, c'est une autre discussion. Mais en tout cas on a le sentiment de toucher une réalité extérieure, au sens où elle n'est pas une simple fabrication de l'esprit. Sans cela, on ne comprend pas l'énorme difficulté et la résistance extraordinaire qu'on rencontre pour démontrer y compris certaines propriétés qui ont tout à fait l'apparence d'être élémentaires. Prenez une question archisimple : les nombres premiers jumeaux. C'est-à-dire les nombres premiers qui se suivent, au sens où le second nombre est égal au premier nombre augmenté de 2. Ainsi 5 et 7, ou 11 et 13, ou 71 et 73... La question est : y a-t-il une infinité de nombres premiers jumeaux ? Évidemment, plus on avance dans la suite des nombres, plus ils sont « rares ». Mais enfin, on en a trouvé, en utilisant des ordinateurs d'une puissance exceptionnelle, de vraiment très grands : des nombres premiers jumeaux dont l'écriture comporte plus de 200 000 chiffres ! Cependant, au regard de l'infini des nombres, un nombre énorme comme ceux-là n'est encore pas grand-chose. Ce n'est qu'une démonstration qui peut toucher le réel du problème. Alors ? Eh bien, on ne sait toujours pas si en continuant la suite des nombres entiers on trouve toujours, « à l'infini », de nouveaux nombres premiers jumeaux. Comment penser que là, il n'y a aucun réel autre que notre invention ludique ? Comment ne pas être convaincu que l'infinité des nombres naturels « existe », en un sens qu'il conviendrait d'éclaircir ?

Ma conclusion, proprement philosophique, c'est que, en réalité, les mathématiques sont tout simplement la science de l'être en tant qu'être, c'est-à-dire ce que les philosophes appellent classiquement l'ontologie. Les mathématiques, c'est la science de l'ensemble de ce qui est, saisi à son niveau absolument formel ; et c'est la raison pour laquelle des inventions paradoxales des mathématiques peuvent se trouver récupérées dans l'investigation physique. Il y a des exemples tout à fait édifiants à ce niveau-là, le plus spectaculaire étant les nombres complexes, les imaginaires, qui eux ont été inventés comme un pur jeu – on les a même appelés « imaginaires » pour bien préciser qu'ils n'existaient pas. On jouait avec, alors qu'ils n'existaient pas. Puis ils sont devenus un outil fondamental de l'électromagnétisme au XIXe siècle, ce que rien ne laissait prévoir. Ce genre d'aventures interdit de penser que les mathématiques sont purement et simplement un jeu formel, arbitraire. Si l'on veut savoir, à propos de ce qui est, ce que veut dire penser uniquement son être (c'est-à-dire non pas le fait que c'est un arbre, une mare, un homme, mais le fait que ça est), le seul moyen de le faire, c'est évidemment de penser des structures purement formelles, autrement dit indéterminées quant à leurs caractéristiques matérielles. Et la science de ces structures indéterminées quant à leurs caractéristiques matérielles, ce sont les mathématiques. Ce sont même les mathématiques qui ont inventé des formes, comme les nombres imaginaires, avant qu'on sache, et même qu'on puisse imaginer, qu'elles étaient en effet réalisées ou réalisables quelque part.

Un autre exemple spectaculaire, très connu, c'est la théorie des coniques. La définition de ce qu'est une ellipse, et son étude, est faite dès l'Antiquité tardive, avec *Le Traité des coniques* de Apollonius de Perge. Or il faut attendre le début du XVIIe siècle, soit autour de deux mille ans, pour se rendre compte avec Kepler que finalement c'est à une trajectoire elliptique qu'obéit l'orbite des planètes, qui jusque-là était pensée comme un cercle. Dans ce cas, la mathématique, c'est à l'évidence l'invention anticipée, au niveau de l'être pur, d'un certain nombre de dispositifs formels qui vont s'avérer plus tard, selon le devenir hasardeux et complexe des sciences de la nature, réalisés dans des modèles matériels pertinents. Ça aussi c'est une preuve, à mes yeux, que la mathématique touche un réel, mais à un niveau qui n'est pas expérimental, puisqu'il est présupposé dans toute expérience. On voit très bien qu'Apollonius de Perge a pensé ce qu'était l'être en tant qu'être d'une orbite de planète, sans pour autant savoir à l'époque qu'il s'agissait de cela. C'est pourquoi je rejette la théorie selon laquelle les mathématiques dérivent de l'expérience sensible. C'est l'inverse : le réel de l'expérience sensible n'est pensable que parce que le formalisme mathématique pense « à l'avance » les formes possibles de tout ce qui est. Comme le disait Bachelard, même les grands instruments qui servent dans les expériences, depuis les lunettes astronomiques jusqu'aux gigantesques accélérateurs de particules, sont de la « théorie matérialisée », et présupposent, jusque dans leur construction, des formalismes mathématiques extrêmement complexes. Voilà selon moi ce qui élucide la question mystérieuse du rapport entre les sciences formelles que sont les mathématiques et les sciences expérimentales comme la physique.

Mais est-ce que cela suffit vraiment à expliquer la correspondance entre les lois physiques qui gouvernent le réel et les structures mathématiques qui restent des idéalités ? Les mathématiques ne pourraient-elles pas éventuellement exister sans que la matière et le réel obéissent pour autant à des lois physiques, à des régularités, qui plus est exprimables en langage mathématique ?

Je ne soutiens pas que les mathématiques ont « besoin » que les formes structurales qu'elles étudient soient un jour validées par l'expérience. Ma formule est : les mathématiques sont l'ontologie, c'est-à-dire l'étude indépendante des formes possibles du multiple en tant que tel, de tout multiple, et donc de tout ce qui est – car tout ce qui est, est en tout cas une multiplicité. Cette ontologie peut se développer pour elle-même, on a fait la théorie des courbes du second degré longtemps avant de l'appliquer aux planètes, on connaissait le système de numération à base 2 (fait de 0 et de 1 uniquement) avant qu'il soit devenu la clé du codage informatique, etc. Cela parce que les « idéalités » dont vous parlez sont en réalité des formes possibles de ce qui est, en tant qu'il est, et n'ont pas besoin d'être expérimentées en tant que pures formes pour être connues, c'est-à-dire pensées, par les mathématiciens. Cela dit, il peut y avoir une inspiration inverse. Le cas le plus clair est celui du calcul différentiel. Il est hors de doute que son développement, par Leibniz et surtout Newton, a été largement commandé par la question du mouvement, par la mécanique, elle-même mise en branle par la révolution astronomique – Kepler, Galilée –, et donc, à l'arrière-plan, par des observations réelles. On peut dire que, pour parvenir à penser la substructure ontologique de la mécanique rationnelle, pour répondre à des questions du genre « Qu'est-ce exactement qu'un corps en mouvement ? », ou plus encore « Qu'est-ce que c'est qu'une accélération ? », il fallait ouvrir un véritable continent mathématique, où l'on allait parler de « plus petite différence », d'« infinitésimal », de « dérivée d'une fonction en un point », et finalement de limite, d'intégrale, d'équation différentielle, et ainsi de suite. Mais dès que ce continent prend sa forme purement mathématique, il se développe selon les lois propres de l'ontologie, lesquelles sont axiomatiques et démonstratives, mais nullement expérimentales. Il n'est que de voir la définition finale de la limite par Cauchy. L'idée « intuitive » est celle d'un mobile qui se rapproche d'un point, lequel est la limite de son mouvement. Cela devient, dans le jargon ontologique, c'est-à-dire mathématique : « Soit une suite de nombres réels S_n, n variant de 0 à l'infini. On dira que le nombre L est limite de cette suite, si, pour tout nombre réel donné ε, si petit soit-il, il existe un nombre entier n tel que l'on ait $|L-S_n| < \varepsilon$. » Cette définition fait disparaître l'intuition supposée – et initialement active – dans les eaux glacées du calcul symbolique.

S'il se trouve que les lois physiques obéissent à des régularités qui ne sont formalisables que dans le langage des mathématiques, c'est uniquement parce que ce langage vise, depuis toujours, à penser les formes possibles de tout ce qui se soutient dans son être de quelque cohérence. Or, ce qui existe est de fait composé de multiplicités dotées d'une certaine cohérence. S'il ne l'était pas, cela voudrait dire qu'il n'y aurait qu'un chaos entièrement instable à tout moment. Sur ce point, l'expérience – inévitable quand il s'agit de physique – indique raisonnablement que ce n'est en général pas le cas : nous observons des régularités, des objets cohérents, un ciel fixe, des mouvements invariables, etc. D'où le croisement entre physique et mathématiques, qui n'empêche pas, mais suppose, l'indépendance des mathématiques comme dispositif de pensée.

IV

UNE TENTATIVE DE MÉTAPHYSIQUE ÉTAYÉE SUR LES MATHÉMATIQUES

J'aimerais que nous évoquions plus précisément la façon dont les mathématiques ont inspiré votre travail personnel en philosophie. La métaphysique que vous avez développée constitue, sinon une propagande (!), du moins une tentative pour réintriquer philosophie et mathématique. Comment l'une et l'autre s'articulent-elles dans votre système philosophique ?

Quelle est, depuis maintenant une trentaine d'années, ma stratégie philosophique ? C'est d'établir ce que j'appelle l'*immanence des vérités*. Comme je l'ai déjà dit, j'appelle vérités (toujours au pluriel, il n'y a pas « la » vérité) des créations singulières à valeur universelle : œuvres d'art, théories scientifiques, politiques d'émancipation, passions amoureuses. Disons pour couper au plus court : les théories scientifiques sont des vérités concernant l'être lui-même (les mathématiques) ou les lois « naturelles » des mondes dont nous pouvons avoir une connaissance expérimentale (physique et biologie). Les vérités politiques concernent l'agencement des sociétés, les lois de la vie collective et de sa réorganisation, tout cela à la lumière de principes universels, comme la liberté, et aujourd'hui, principalement, l'égalité. Les vérités artistiques se rapportent à la consistance formelle d'œuvres finies qui subliment ce que nos sens peuvent recevoir : musique pour l'ouïe, peinture et sculpture pour la vision, poésie pour la parole... Enfin les vérités amoureuses portent sur la puissance dialectique contenue dans le fait d'expérimenter le monde non à partir de l'Un, de la singularité individuelle, mais à partir du Deux, et donc dans une acceptation radicale de l'autre. Ces vérités ne sont pas, on le voit, de provenance ou de nature philosophique. Mais mon but est de sauver la catégorie (philosophique) de vérité qui les distingue et les nomme, en légitimant qu'une vérité puisse être :

– absolue, tout en étant une construction localisée ;

– éternelle, tout en résultant d'un processus qui commence dans un monde déterminé (sous la forme d'un événement de ce monde) et appartient donc au temps de ce monde.

Ces deux propriétés exigent que les vérités – scientifiques, esthétiques, politiques ou existentielles – soient infinies, sans pour cela avoir recours à l'idée d'un Dieu, quelle qu'en soit la forme. Il faut alors évidemment commencer par la question : sur quelle ontologie de l'être-infini, qui ne soit nullement religieuse et qui exclue toute transcendance, puis-je fonder mon projet ? C'est en ce point que débute la longue marche où interviennent de radicales nouveautés – singulièrement mathématiques – concernant l'infini, ou, plus précisément, les infinis.

Et c'est en ce point que la mathématique s'impose ?

Plus généralement, ce que la mathématique rend finalement possible, ce par quoi elle s'offre – sans elle-même le savoir, ni vraiment s'en soucier –, en tant que ressource spéculative, au philosophe soucieux d'outrepasser le relativisme contemporain et de rétablir la valeur universelle des vérités, c'est ce que je nommerai la possibilité d'une ontologie absolue. Aujourd'hui, il est presque admis, par exemple, que le goût artistique est une question de culture locale, de « civilisation » singulière, ou aussi bien que l'amour est un choix contingent et résiliable, qui doit donner un contrat de couple avec avantages réciproques. En politique, on tient pour acquis qu'il n'y a aucune vérité, mais seulement des opinions versatiles qu'il faut composer empiriquement le mieux possible. Je suis convaincu, tout au contraire, qu'il existe des vérités absolues, certes arrachées, au moment de leur création, à un sol particulier (un moment de l'Histoire, un pays, une langue…), mais construites de telle sorte que leur valeur s'universalise. Pour le prouver je dois montrer que, dans le cadre de mon ontologie du multiple, peut s'organiser une toute nouvelle dialectique du fini et de l'infini, et donc aussi une relation entièrement neuve entre notre existence « ordinaire » et notre existence en relation avec une vérité absolue. C'est ce que j'ai appelé également : « vivre sous l'autorité d'une Idée ». Ou encore la « vraie vie ».

Mais que faut-il entendre par « ontologie absolue » ?

J'entends par « ontologie absolue » l'existence d'un univers de référence, un lieu pour la pensée de l'être en tant qu'être, doté de quatre caractéristiques :

1. Il est immobile, au sens où, rendant possible la pensée du mouvement, comme du reste toute pensée rationnelle, il est cependant par lui-même étranger à cette catégorie. Considérez par exemple, justement, le cas du mouvement : un mouvement réel est situé dans un monde, il est particulier. Mais l'équation mathématique qui formalise la pensée du mouvement n'a par elle-même aucun lieu propre, sinon, justement, son absoluité mathématique. Une pierre tombe quelque part, mais la valeur de l'accélération de son mouvement de chute, calculée par la physique après Newton, n'est pas différente dans sa forme quand il s'agit d'une autre pierre, autre part.

2. Il est intégralement intelligible dans son être à partir de rien. Ou encore : il n'existe aucune entité dont il serait la composition. Ou encore : il est non atomique.

Prenez un rassemblement révolutionnaire, une émeute qui deviendra historique, mettons la prise de la Bastille. Considéré dans sa pure valeur politique, comme emblème, référence, commencement absolu d'un processus, cet événement n'est pas décomposable en unités distinctes. Il n'est pas le résultat d'une addition de facteurs, il est « absolu » au sens où, quoique particulier dans tous ses éléments (les gens qui sont là, les faits successifs...), cette particularité disparaît dans une synthèse événementielle qui ne peut s'analyser en composants minimaux.

3. Il ne se laisse donc décrire, ou penser, qu'à partir d'axiomes, ou de principes, auxquels il correspond. Il n'en existe aucune expérience, ni aucune construction qui dépende d'une expérience. Il est radicalement non empirique. On peut aussi dire qu'il existe (pour la pensée), bien qu'il ne soit pas.

Cette caractéristique permet de comprendre ce qui se passe quand on dit d'un événement, ou d'une œuvre (Mai 68, la Relativité, Héloïse et Abélard, ou *Guernica* de Picasso), qu'il ou elle est un acquis pour l'humanité tout entière : on partage alors, à propos de ce dont on parle, les principes – politiques, scientifiques, artistiques ou amoureux – qui permettent l'affirmation d'une valeur universelle. Ici la description seule ne permet pas de conclure. Il faut la médiation de ce qui constitue, axiomatiquement, un principe. Toute absoluité est axiomatique, et l'est donc aussi toute affirmation de la valeur universelle d'une œuvre ou d'un événement.

4. Il obéit à un principe de maximalité au sens suivant : toute entité intellectuelle dont l'existence s'infère sans contradiction des axiomes qui la prescrivent existe par cela même.

Vous pouvez parler, à propos d'une action politique en cours, de la révolution russe de 1917, au sens où vous vous en réclamez, si vous êtes en état de faire valoir en quel sens tel ou tel aspect de votre action est cohérent avec les principes au nom desquels vous considérez la révolution russe comme ayant une valeur absolue. En ce sens, vous existez si je puis dire « intemporellement » avec la révolution russe comme co-conséquence de ces principes.

Il nous faut donc renoncer à Dieu sans perdre aucun de ses avantages. Nous devons trouver une garantie ontologique immanente et absolue qui soit basculée intégralement du côté du simple multiple comme tel, de l'immanence au monde existant, tout en préservant les quatre principes cruciaux que sont l'immobilité, la composition à partir de rien, la disposition purement axiomatique et le principe de maximalité.

Cela semble une tâche presque impossible : dans la tradition métaphysique, le garant et de l'infinité, et de l'absoluité, est transcendant. Même pour Hegel, l'Absolu, qui est historique, qui est le « devenir de lui-même », reste au moins Un, il a une unité infinie qui fait qu'on peut encore l'appeler Dieu. Or, vous semblez vouloir absolutiser le multiple comme tel. Est-ce en ce point que les mathématiques vous sauvent ?

C'est exactement cela. La théorie des ensembles, qui peut aussi bien absorber toutes les mathématiques, comme l'ont montré les formalisations de Zermelo-Fraenkel et la gigantesque tentative du groupe français Bourbaki, est une théorie absolue du multiple indifférencié (qui n'a initialement pas d'autre propriété que d'être multiple). Dès *L'être et l'événement* (1988), j'ai donc proposé, pour parvenir au but, de sauver l'absoluité des vérités sans recourir à aucun Dieu, d'incorporer purement et simplement à la méditation philosophique, comme condition mathématique fondatrice, la théorie des ensembles.

Était-elle donc par elle-même votre guide ? La mathématique, comme l'Ariane du Thésée philosophique dans le labyrinthe de l'Absolu ?

En tout cas, que la théorie des ensembles obéisse aux quatre principes de l'absoluité que je viens de vous rappeler se démontre sans trop de mal.

Immobilité :

Cette théorie s'occupe d'ensembles pour lesquels la notion de mouvement n'a nul sens. Ces ensembles sont extensionnels, ce qui veut dire qu'ils sont intégralement définis par leurs éléments, par ce qui leur appartient. Deux ensembles qui n'ont pas exactement les mêmes éléments sont absolument différents. Et donc, un ensemble en tant que tel ne peut changer, puisque, à seulement modifier un seul point de son être, il le perd tout entier.

Composition à partir de rien :

La théorie n'introduit au départ aucun élément primordial, aucun atome, aucune singularité positive. Toute la hiérarchie des multiples s'édifie sur rien, au sens où il lui suffit que soit affirmée l'existence d'un ensemble vide, d'un ensemble qui n'a aucun élément, et qui de ce fait même est le pur nom de l'indéterminé.

Prescription axiomatique :

L'existence de tel ou tel ensemble s'infère d'abord uniquement soit du vide tel qu'inauguralement prononcé, soit des constructions autorisées par les axiomes. Et la garantie de cette existence est uniquement le principe de non-contradiction appliqué aux conséquences des axiomes.

Évidemment, que ces axiomes, historiquement sélectionnés par la communauté mathématicienne, soient les meilleurs, ou surtout qu'ils soient suffisants pour la pensée de l'être-multiple en tant qu'être, est une question qui n'a pas de réponse *a priori*. C'est l'histoire de l'ontologie, mathématicienne et philosophique, qui tranche. On ne peut qu'admettre un principe d'ouverture, qui se formule comme quatrième point.

Maximalité :

On peut toujours ajouter aux axiomes de la théorie un axiome prescrivant l'existence de tel ou tel ensemble, à charge de démontrer, si possible, que cette adjonction n'introduit pas d'incohérence logique dans l'édifice général. Ces axiomes supplémentaires sont en général appelés des axiomes d'infini, car ils définissent et affirment l'existence de toute une hiérarchie d'infinis de plus en plus puissants.

Ce dernier point, dans la visée qui est la mienne (établir l'infinité de toute vérité), est évidemment de la plus haute importance. Que cette théorie ne soit pas et ne puisse être une théorie monothéiste résulte d'une démonstration bien connue : celle de l'inexistence de l'Un. Si en effet on conçoit l'Un – et c'est inévitable au niveau d'une garantie ontologique – comme ce qui vérifie la proposition XV du livre I de *L'Éthique* de Spinoza : « Tout ce qui est est en Dieu, et rien ne peut sans Dieu ni être ni se concevoir », il faut admettre que toute multiplicité particulière, tout ensemble, est élément de ce Un qui ainsi mérite qu'on l'appelle Dieu. Et c'est ce qui est mathématiquement impossible : on démontre en effet – très jolie et très simple démonstration – qu'il ne peut exister un ensemble de tous les ensembles. Mais il est alors impossible, si le multiple axiomatisé est la forme immanente de l'être en tant qu'être, qu'il existe *un* être tel que tout être soit en lui, car ce devrait être un multiple de tous les multiples, ce qui précisément est contradictoire.

Mais si les multiples formalisés par les mathématiques ne forment pas eux-mêmes un ensemble qui soit réellement Un, quel est le domaine d'existence des objets (des multiples) étudiés par la théorie des ensembles ?

L'issue est de ne parler au départ que du système des axiomes. On appellera conventionnellement V, la lettre V, dont on peut dire qu'elle formalise le Vacuum, le grand vide, le lieu (proprement inconsistant, puisque non multiple) de tout ce qui se laisse construire à partir des axiomes. Ce qui métaphoriquement est « dans V » est ce qui peut répondre à l'injonction axiomatique de la théorie des ensembles. Ce qui veut dire que V n'est en réalité que l'ensemble des propositions démontrables à partir des axiomes de cette théorie. C'est un être de langage uniquement. L'usage veut que de tels êtres de langage soient appelés des classes. On dira alors que V est la classe des ensembles, mais on se souviendra qu'il s'agit là d'une entité théorique irreprésentable, ou sans référent, puisque précisément elle est le lieu du référent absolu. V existe comme lieu possible et ultime d'expérimentations de la pensée mathématique, de décisions et de preuves. Mais en tant qu'ensemble, en tant que totalité, il n'a pas d'être, puisque précisément avoir un être, c'est être une multiplicité, donc appartenir à V, ce que V lui-même ne saurait faire.

C'est au regard de la supposition qu'un tel V « existe », sans pour autant être, que va se présenter la question des relations et non-relations entre le fini et l'infini, et donc le cadre rationnel tant d'une ontologie de l'infini (ou, plus exactement, des infinis) que d'une critique de la finitude.

Et c'est là que vous allez entrer dans la connexion intime entre l'ontologie mathématique d'une part, et la théorie philosophique du concept de vérité d'autre part ?

Exactement. Je vais très simplement dire ceci : l'être est multiplicité. La théorie rationnelle des différentes formes possibles du multiple, c'est la théorie des ensembles. Une vérité, c'est aussi, comme tout ce qui existe, un multiple. Comment un multiple peut-il soutenir, porter, une valeur universelle ? Je vais alors chercher dans les mathématiques une piste dans cette direction. C'est un adjectif, qu'on trouve dans une partie tout à fait contemporaine de la théorie des ensembles (elle commence en 1962) qui retient mon attention : l'adjectif « générique ». Il existe des multiplicités « génériques », définies par le mathématicien Paul Cohen. Je ne vais pas expliquer ce que c'est, ce serait trop long et compliqué, mais je le fais avec soin dans *L'être et l'événement*. Je peux cependant remarquer ici que Marx, dans les *Manuscrits de 1844*, parle précisément du prolétariat comme d'un ensemble social « générique ». Et que veut-il dire ? Il veut justement dire qu'il y a une vérité universelle dans le prolétariat, que la révolution prolétarienne émancipera l'humanité tout entière.

Alors, je peux introduire l'hypothèse suivante : l'être d'une vérité, ce qui lui confère une forme universelle, c'est d'être un ensemble générique. La « soudure » d'une trouvaille mathématique (Cohen, 1962) et d'une proposition philosophique (Badiou, 1988) trouve ici une sorte de forme pure.

V

LES MATHÉMATIQUES FONT-ELLES LE BONHEUR ?

Vous soutenez une thèse quelque peu surprenante au premier abord, selon laquelle les mathématiques, loin d'être cet exercice austère réservé à une caste de spécialistes, seraient le chemin le plus court vers ce que vous appelez la « vraie vie », autrement dit la vie heureuse. Les mathématiciens ont-ils selon vous l'air plus heureux que les autres ?

Écoutez, ça, ce n'est pas mon problème ! Ce n'est pas mon problème, parce qu'il n'est pas sûr que les mathématiciens créateurs fassent, du point de vue de l'existence, de la vie, le meilleur usage des mathématiques. Le mathématicien est totalement immanent à la production mathématique, dans sa définition même, et il se peut bien que cela comporte, comme toute subjectivation intense, une bonne dose d'angoisse. Considérez par exemple la brutalité avec laquelle Grothendieck, sans doute le plus grand mathématicien de la deuxième moitié du XXe siècle, a rompu avec le milieu mathématique, et, en un sens, avec les mathématiques elles-mêmes, au moins publiquement. Il est parti dans le Sud élever des moutons et s'occuper d'écologie. Cela dit, cette angoisse, dans la production mathématique, dans ce rapport intime à l'ontologie, comporte aussi des moments d'enthousiasme ou d'extase. Et cette dialectique existe au cas par cas, je ne peux évidemment pas en proposer une théorie.

Mais peut-être un exemple personnel ?

C'est vrai qu'il faut se représenter ce qu'est concrètement le travail mathématique, même au niveau du simple apprentissage. Je me souviens par exemple d'une de mes nuits passée à comprendre, il y a bien longtemps, la démonstration d'un théorème philosophiquement passionnant, un théorème fondamental de Cantor, qui dit en substance qu'il y a toujours plus de parties d'un ensemble qu'il n'y a d'éléments. Je voudrais vous donner une idée de cette expérience nocturne, du bonheur intense que j'ai éprouvé quand j'ai compris et la démonstration, et sa portée philosophique.

Partons du plus simple. Une multiplicité, mettons E, est composée d'éléments, mettons x, y, etc. Notez que x, y et les autres sont aussi des ensembles, mais là, ils figurent comme éléments d'un autre ensemble, E.

N'importe quel regroupement des éléments de E constitue une partie de E. Par exemple le couple de x et de y, qu'on note {x, y}, est une partie de E.

Il est certain qu'il y a au moins autant de parties de E que d'éléments. En effet, à chaque élément x correspond une partie, qui est l'ensemble dont x est le seul élément, ensemble qu'on note {x} et qu'on appelle le singleton de x. Comprenez bien la différence entre x et {x} : x, comme tout ce qui existe en théorie des ensembles, est un ensemble, je l'ai dit, qui peut avoir une grande quantité d'éléments, tandis que le singleton de x est un ensemble qui a de façon rigide un seul élément, à savoir x.

Puisque vous pouvez faire correspondre, à tout élément x de E, la partie {x}, il y a à coup sûr en tout cas autant de parties que d'éléments. Ou encore, il ne peut y avoir moins de parties que d'éléments. Maintenant, peut-il y avoir exactement autant de parties que d'éléments ? Si ce n'est pas le cas, alors nous serons sûrs qu'il y a plus de parties que d'éléments, puisqu'il ne peut y en avoir ni moins, ni autant…

Le théorème de Cantor démontre, non pas directement qu'il y a plus de parties que d'éléments, mais qu'il est impossible qu'il y ait autant de parties que d'éléments. C'est ce qu'on peut appeler un raisonnement indirect : on ne construit pas directement le fait qu'il y a plus de parties que d'éléments, mais on l'obtient négativement, par la démonstration qu'il ne saurait y en avoir autant (et en sachant qu'il ne peut y en avoir moins).

La négation va jouer dans cette affaire un rôle encore plus important, qui me fascine toujours. Nous retrouvons ici le raisonnement par l'absurde dont j'ai parlé à propos de Parménide et de l'origine grecque des mathématiques. On ne va pas en effet montrer directement qu'il est impossible qu'il y ait autant de parties que d'éléments, on va montrer qu'*il est impossible que ce soit possible*. On va en effet supposer qu'existe un ensemble E tel qu'il a autant de parties que d'éléments. Et on construit alors une partie « impossible », contradictoire, qui ruine l'hypothèse initiale. C'est là qu'on trouve, à mon avis, la procédure la plus typique du raisonnement mathématique, comme je l'ai déjà dit : on suppose le faux, et par le biais des conséquences inadmissible du faux, on est contraint d'affirmer le vrai.

Supposons donc qu'il existe E avec autant d'éléments que de parties. Cela revient à dire qu'existe une correspondance exacte et complète entre tous les éléments x, y, z... de E et toutes les parties (appelons-les A, B, C...) de E. Une image frappante consiste à dire que toute partie possède un nom, qui est l'élément qui lui correspond ; que tout élément est le nom d'une partie ; que deux parties différentes ont deux noms-éléments différents ; et qu'à deux noms-éléments différents correspondent deux parties différentes. Avec ces règles (les mathématiciens appellent cela une « correspondance biunivoque » entre les éléments et les parties), on peut dire que la partie A est « nommée » par un élément x, la partie B par un élément y, et ainsi de suite. Et comme la correspondance est totale et complète, toutes les parties et tous les éléments sont utilisés dans cette « nomination ».

C'est alors que, par ce qui dans la nuit dont je parle me semblait être presque un tour de magie, on va construire une partie « impossible ». Pour cela (et c'est l'idée géniale), on distingue deux espèces d'éléments de E : les éléments qui sont dans la partie qu'ils nomment (mettons : z est l'élément de E qui nomme la partie B, et il est dans la partie B) et les éléments qui ne sont pas dans la partie qu'ils nomment (mettons : y est l'élément de E qui nomme la partie C, mais il n'est pas élément de C). Cette division est stricte et totale : évidemment, un élément est ou n'est pas dans la partie qu'il nomme, il n'y a pas de troisième possibilité.

Considérons maintenant tous les éléments de E qui ont la propriété suivante : ils ne sont pas éléments de la partie qu'ils nomment. Cela forme bien une partie de E (une partie de E est n'importe quel ensemble d'éléments de E). Appelons cette partie P (pour « paradoxale »). Puisque c'est une partie de E, elle est nommée par un élément de E, mettons x_p. De deux choses l'une : ou bien x_p n'est pas un élément de P. Alors, il a la propriété des éléments qui constituent la partie P, à savoir ne pas être dans la partie qu'ils nomment. Et donc il est dans P. Contradiction flagrante : l'hypothèse que x_p n'est pas dans P a pour conséquence qu'il est dans P ! Donc, il est dans P. Mais alors, il doit avoir la propriété des éléments qui sont dans P, à savoir de ne pas être dans la partie qu'ils nomment. Mais justement, x_p nomme P. Donc, il ne devrait pas être dans P. Contradiction de nouveau : l'hypothèse que x_p est dans P a pour conséquence qu'il n'y est pas !

Que tirer de tout cela ? Visiblement, que notre affirmation de départ (il y a autant d'éléments que de parties, tout élément nomme une partie, etc.) est fausse. Donc, il y a plus de parties que d'éléments.

Ce remarquable cheminement, j'ai fini par en avoir la pensée philosophique : dans le cadre du raisonnement par l'absurde, vous vous installez, par stratégie, dans ce que vous pensez en réalité être faux. Vous examinez les conséquences de cette installation. Et si vous avez raison (c'est-à-dire si votre stratégie est celle du faux), vous avez une chance de trouver une conséquence proprement impossible.

Autrement dit, vous gagnez le vrai en faisant surgir l'impossible à partir du faux. Eh bien là, quand vous avez bien compris ça, au cœur de la nuit, et que vous êtes jeune, et que vous désirez être surpris en même temps que comblé, vous êtes heureux ! En prime, vous avez un schéma politique : le fait qu'il y ait plus de parties que d'éléments dans un ensemble quelconque signifie que la richesse, la ressource profonde, de ce qui est collectif (les parties) l'emporte sur celle des individus. Le théorème de Cantor réfute, à un niveau abstrait, le règne contemporain de l'individualisme.

Vous parliez de tour de magie : ce faux pour obtenir le vrai par l'intermédiaire de l'impossible, c'est en effet assez mystérieux.

On pourrait dire ceci : les mathématiques sont enveloppées d'une sorte de mystère, mais ce mystère, à la fin des fins, c'est un mystère en pleine lumière. Alors il est vrai que, déjà à ce niveau purement pratique, il y a l'expérience d'un plaisir singulier. Faisons un peu de Freud élémentaire : nous avons là le mélange enfantin de l'énigme et du plaisir, car on va « voir » quelque chose qu'on n'a jamais vu. Le faux va devenir vrai. Le réel va s'avérer au moment où l'on trouve un objet « impossible ». Pour Freud, on sait bien de quel objet il s'agit. Pour le mathématicien, ce n'est pas exactement ça, sans doute, mais il y a un rapport. Parce que la démonstration mathématique constitue le chemin d'un voir. On récapitule tout quand on a tout compris. Ce ne sont plus les étapes peineuses, les interminables calculs dans lesquels on se perd qui vont constituer la mémoire de la chose. Ce qui va constituer la mémoire de la chose, c'est que vous aurez compris. Or, si vous avez compris et saisi quelque chose, c'est que vous avez vu quelque chose que vous n'aviez jamais vu, et c'est cet ineffable plaisir qui va rester.

Je pense que cette sensation est paradigmatique de ce que le philosophe peut appeler le bonheur, et ce n'est du reste pas une invention de ma part. Vous savez qu'à la fin de *L'Éthique* Spinoza parle de la béatitude intellectuelle. Béatitude intellectuelle qui n'est rien d'autre que le fait qu'on est parvenu à avoir une idée adéquate. Et les seuls exemples d'idées adéquates qu'il donne sont en fait adossés aux mathématiques. Ce qu'il explique, c'est qu'avec une idée adéquate, une idée du troisième genre, on n'est plus dans le dépli démonstratif – ce serait encore le second genre de connaissance –, on n'est plus dans l'aridité de la démonstration, dans l'exercice mathématique, on est dans sa synthèse récapitulative. C'est ce que j'appelle le moment où l'on a compris – Lacan parle bien, lui, vrai freudien, du « moment de comprendre ». Bien sûr qu'il a fallu traverser les étapes fastidieuses de la démonstration, mais il y a un moment où la lumière se fait. Et c'est ça que Spinoza appelle l'idée adéquate, la connaissance du troisième genre. Et c'est tout simplement pour lui la figure du bonheur, qu'il appelle *beatitudo intellectualis*, le bonheur intellectuel.

Mais ce bonheur de comprendre, est-il vraiment propre aux mathématiques ? Ne l'éprouve-t-on pas également en philosophie par exemple, lorsque la lecture d'un auteur classique semble soudain éclairer d'un jour nouveau notre expérience vécue ? Et le sentiment de la difficulté surmontée que vous évoquez n'est-il pas analogue à celui d'un sportif qui parvient après de longues heures d'entraînement à maîtriser comme naturellement un geste très difficile ?

Je ne vais pas soutenir que les mathématiques ont le monopole du bonheur ! Toutefois, la joie du sportif est narcissique, il a réussi, lui, en tant qu'ego, quelque chose. Tandis que celle que l'on éprouve en mathématique est immédiatement universelle : vous savez que ce que vous éprouvez là, n'importe qui, suivant le raisonnement, le découvrant, va l'éprouver aussi. Le bonheur, en mathématiques plus qu'ailleurs, est la difficile jouissance de l'universel. Bien entendu, la philosophie aussi aspire à orienter le sujet dans la direction de ce bonheur. Mais, je le rappelle, la philosophie, se tournant vers ses conditions, indique, sous le nom générique de « vérités », où se trouvent les sources du bonheur, plus qu'elle n'est elle-même une de ces sources.

À titre personnel, prenez-vous plaisir aujourd'hui encore à pratiquer les mathématiques ? Vous procurent-elles un bonheur comparable à la philosophie ?

Je le redis : je ne soutiens pas que la philosophie comme telle provoque un bonheur sans pareil, pas du tout. La vraie racine du bonheur, c'est l'engagement subjectif dans une procédure de vérité : enthousiasme dans les moments forts de l'engagement politique collectif, plaisir tiré d'une œuvre d'art qui vous touche tout spécialement, joie de comprendre enfin un théorème subtil qui ouvre à tout un pan de pensées neuves, extases de l'amour quand on va, à deux, au-delà du caractère clos, purement fini, des perceptions et affects d'un individu. Ce que je dis, c'est que la philosophie forge un concept de « Vérité » approprié aux vérités neuves de son temps, et indique ainsi les pistes possibles du devenir-sujet, pistes barrées par les opinions dominantes qui organisent la suprématie des jouissances individuelles et/ou le culte du conformisme et de l'obéissance. La philosophie n'est pas une pratique heureuse de l'existence de quelques vérités réelles, elle est plutôt une sorte de présentation de la *possibilité* des vérités, et donc elle nous apprend la possibilité du bonheur. C'est pourquoi je l'appelle « métaphysique du bonheur », et non « théorie du bonheur ». C'est dans ce cadre que je continue de pratiquer les mathématiques avec un vif plaisir. D'autant plus que les vérités mathématiques jouent un rôle décisif dans la métaphysique que je propose.

Je voudrais qu'on revienne un instant sur cette question du bonheur, si tant est qu'on puisse en donner une définition claire. Pensez-vous, dans la lignée de la plupart des philosophes de l'Antiquité, qu'il soit forcément l'horizon de toute philosophie ?

Je pense en effet que la philosophie n'a pas d'autre objectif que celui-ci : permettre à n'importe qui d'appréhender, dans le champ qui est celui de son expérience vitale, ce que c'est qu'une orientation heureuse. On peut dire aussi : mettre à la disposition de tous la certitude que la vraie vie, celle d'un Sujet librement orienté selon une idée vraie, est possible.

Oui, ça, je l'affirme sans hésitation. Quand Platon – mon vieux maître – explique avec acharnement que le philosophe est plus heureux que le tyran, il veut nous dire que celui qui participe au processus d'une vérité, et ce concrètement, de façon vitale, réelle, pas de façon abstraite, celui qui a une vie orientée vers ses capacités maximales, une vie de libre Sujet, et non une vie passive ou abandonnée, eh bien, celui-là est plus heureux que le jouisseur. Parce que le tyran, chez Platon, ce n'est pas principalement le chef politique, c'est celui qui peut donner satisfaction à toutes ses envies – c'est ainsi qu'il le définit.

Et qu'est-ce que c'est que ce bonheur qui est plus grand que les petites jouissances que l'on trouve dans le commerce ? Y a-t-il un bonheur plus grand que ces jouissances ? Voilà la grande question de la philosophie. Nos sociétés, domestiquées par le Capital et le fétichisme de la marchandise, répondent que non. Mais la philosophie, avec ténacité, et depuis le début, travaille à nous faire penser qu'existe, en fin de compte, un bonheur qui ne contredirait pas nécessairement les petites jouissances, qui ne les interdirait pas, mais qui serait plus dense, plus solide, bref plus approprié au désir d'un Sujet libre, c'est-à-dire un Sujet en relation affirmative avec quelques vérités. On pourrait dire ceci : la logique marchande des jouissances limitées, du bien-être personnel, est comme une lumière faible, dispersée, qui nous laisse dans l'ombre de l'existence, avec seulement quelques ouvertures, quelques meurtrières, par où passent des clartés projetées depuis l'extérieur. Ce que la philosophie énonce, c'est qu'on peut ouvrir de bien plus grandes fenêtres sur cet extérieur lumineux plus libre, moins calculé pour le profit. On peut, selon la fameuse métaphore de Platon, sortir de la caverne.

Mais quel rapport cela peut-il bien avoir avec les mathématiques ?

Eh bien, dans cette affaire, même si cela a l'air d'un paradoxe, d'une bizarrerie, les mathématiques interviennent. Comme une espèce de petit modèle. Elles dessinent bien un modèle au sens où, dans les mathématiques, le rapport est assez clair entre la difficulté de la compréhension, la longueur parfois aride du chemin de pensée, et le bonheur du résultat. On peut aussi comprendre que la limitation initiale est celle des limites de l'individu que nous sommes, tandis que la compréhension finale est celle du Sujet que nous sommes alors devenus, et qui est en communication avec l'universel. C'est perceptible, c'est une expérience que l'on peut faire soi-même, et qui articule directement l'effort de la pensée, l'effort orienté de la pensée, et cette sorte de récompense qui, au fond, bien qu'elle soit universelle, voire absolue, ne doit rien à personne, sinon à votre propre effort, et qui peut être nommée, comme le fait Spinoza, « béatitude intellectuelle ». Alors, évidemment, ce n'est qu'un modèle, ça ne consiste pas à dire : « Faites tous des mathématiques et vous serez tous bien plus heureux qu'avec toutes les jouissances banales ! », ou : « Faites des mathématiques jour et nuit et laissez tomber tout le reste ! », pas du tout. Ça veut simplement dire que là, on a un modèle limité, mais convaincant, de la relation dialectique possible entre la finitude de l'individu qui travaille et s'égare, et l'infinité du Sujet qui a compris une vérité universelle.

Cependant, vous avez rappelé en introduction à notre entretien que vous distinguiez dans votre système philosophique quatre procédures de vérités, ou pour le dire autrement quatre façons de vivre une vie orientée selon l'Idée : outre les mathématiques, il y a l'art, l'amour et la politique. Or ces différentes voies semblent correspondre à des expériences existentielles du bonheur tout à fait différentes. En quoi les mathématiques en seraient-elles la matrice privilégiée ?

Encore une fois, je soutiens que les mathématiques – outre, bien entendu, leur extension philosophique majeure, puisqu'elles sont l'ontologie – ont une valeur de modèle, peut-être de modèle réduit, ne dépendant de rien d'autre que de la concentration de la pensée pure. Je ne soutiens pas qu'elles sont par elles-mêmes une sorte de bonheur suprême. Bien évidemment, si, comme on peut le montrer, les quatre conditions s'espacent entre mathématiques et poésie, en passant par les autres sciences, la politique, l'amour et les autres arts, on pourrait reprendre entièrement tout ce qu'on a dit en essayant de voir quelle est exactement la différence, quant au bonheur que ces conditions autorisent, entre mathématiques et poésie, ce serait une autre manière de faire. Entre mathématiques et poésie vous avez en effet amour et politique. C'est-à-dire finalement la plus petite forme de relation à l'autre, cette cellule primitive de la relation à l'autre qu'est l'amour, et la plus ample, qui est la relation à l'humanité tout entière, point qui devrait toujours être le souci de la politique, mais qui ne l'est que dans les politiques réellement communistes.

Les quatre conditions sont d'abord disjointes. Il y a des croisements, bien sûr, mais elles opèrent chacune pour leur propre compte, et elles s'inscrivent dans la méditation philosophique de façon différenciée. Par exemple, l'amour est la matrice existentielle de la pensée de la différence comme telle. C'est la possibilité de vivre en différence, et pas en indifférence, c'est-à-dire d'expérimenter que le monde peut être abordé ou traité du point de vue du Deux, et pas simplement du point de vue de l'Un. Et donc l'amour est l'apprentissage existentiel de la dialectique, c'est-à-dire de la fécondité de la différence. C'est une raison pour laquelle il y a tant de littérature sur la puissance de l'amour, pour précisément déjouer les différences artificielles et accepter d'aller au-delà de l'identité. Roméo et Juliette appartiennent à deux bandes qui normalement doivent absolument rester séparées, qui doivent se haïr ; l'amour de Roméo et Juliette, c'est la diagonale tissée au nom de leur différence – différence qui va être créatrice et non pas résorbée dans une hostilité criminelle. D'où, au cœur même de l'impossible et de la menace de mort, le matin d'amour de Roméo et Juliette, qui trouvent des accents inouïs pour exprimer leur bonheur.

Alors ça n'a pas besoin d'avoir un rapport aux mathématiques. Mais ce n'est nullement incompatible : si vous faites des mathématiques avec quelqu'un que vous aimez, ce qui m'est arrivé plusieurs fois dans mon existence, si vous cherchez ensemble la solution d'un même et difficile problème, eh bien, c'est une expérience simultanément amoureuse et mathématique. Quand vous trouvez ensemble la solution du problème, c'est une joie redoublée, dont vous ne savez plus à quel registre elle appartient.

En politique spécifiquement, pensez-vous que les mathématiques puissent être un réquisit utile ?

Il n'y a pas de croisement évident entre mathématiques et politique. Le degré zéro du croisement, c'est le compte des voix un soir d'élections. Certes, il faut se débrouiller avec les concepts de majorité absolue, de majorité qualifiée, de pourcentage d'abstentionnistes et autres décomptes des votes blancs, distingués des votes nuls. Mais enfin, ça reste du b.a.-ba. Et à mes yeux, l'enjeu proprement politique étant quasiment nul – les élus, à quelques détails près, font les mêmes choses –, on ne peut pas parler de vérité, et donc pas non plus de bonheur. Il n'y a en fait que la courte jouissance de l'élu et de sa bande.

À mon avis, ce qui importe est la question suivante : considère-t-on qu'il est possible, en politique, de parvenir à des décisions qui résultent réellement d'une discussion réglée par la rationalité ? Est-ce que ça peut exister ? Ou est-ce qu'en politique, en définitive, il n'y a que des opinions, comme l'estimait Platon, qui a essayé d'engager la lutte en faveur d'une politique de vérité ? Je ne crois pas qu'il ait trouvé la formule, mais c'était bien son objectif. Et le fait de savoir ce qu'est une argumentation réelle, une argumentation telle que quiconque en suit les étapes doive se rallier à sa conclusion – et c'est là la manière unique des mathématiques d'arriver à un accord en quelque sorte absolu –, eh bien, c'est important dans tout domaine où il faut discuter. Le simple fait de savoir qu'il existe des méthodes qui – en tout cas quand le problème est clairement posé, et que tous ceux qui discutent portent un intérêt réel à sa solution – permettent de parvenir à un accord solide, cela peut servir lorsqu'il faut collectivement, dans une situation difficile, trouver une issue positive. Bien sûr, cela ne suffit nullement à définir une politique. Mais cela peut permettre de réorienter les méthodes de la politique, méthodes qui sont souvent un mélange un peu bourbeux d'intérêts communs réels, mais mal éclaircis ou mal présentés, de représentations imaginaires et de symbolisme insuffisant ou vieilli. Si l'on veut se sortir de là, il faut pouvoir discuter de la décision à prendre en ayant une norme commune. Les mathématiciens, quand ils examinent un problème, ont bel et bien une norme commune, et c'est pour cela qu'ils se mettent d'accord sur la démonstration ou, si elle est fausse, le déclarent – et celui qui a proposé la démonstration devra en convenir aussi.

Une méthode rationnelle de la discussion politique reste un idéal, même si tous ceux qui ont été militants savent qu'il peut y avoir, singulièrement en milieu ouvrier, des réunions enthousiasmantes précisément parce que la conclusion, le mot d'ordre actif et unificateur a été le résultat d'un long et très efficace processus. Et cette trouvaille est un vrai bonheur collectif. À un niveau très général, on pourrait formuler la question ainsi : est-ce que le discours politique est définitivement voué à n'être que de la rhétorique ? Ceux qui pensent que oui, que le discours politique est une rhétorique victorieuse, ce sont les sophistes. On retrouve nos bons vieux adversaires du IVe siècle avant J.-C. Ce sont les sophistes qui entraînaient les gens à tenir des discours victorieux quelles que soient leurs convictions personnelles, et sans souci de quelque « vérité » que ce soit.

Malheureusement, la rhétorique est la langue politique d'aujourd'hui. C'est une rhétorique de la promesse qui ne sera pas tenue, une rhétorique du programme impraticable, une rhétorique de la nécessité factice. En dessous de cette rhétorique, un certain nombre de décisions sont prises, dans des réunions généralement secrètes ou formatées pour aboutir à la conclusion désirée, au service d'un certain nombre d'intérêts dont la puissance ne peut être contrecarrée. Il arrive même que la rhétorique débouche sur une décision calamiteuse, y compris pour ceux qui la proposent. La politique parlementaire, nommée fallacieusement « démocratique », est un univers commandé par un mélange d'intérêts peu explicités, d'affects souvent vulgaires, voire haïssables, de faux savoir et de rhétorique irrationnelle.

S'il faut prononcer l'éloge des mathématiques, y compris dans le champ que vous proposez, je dirai ceci : un exercice soutenu et permanent de ce qu'est une rationalité discursive véritable déjouerait ou affaiblirait le fait d'être exposé à des rhétoriques captatrices sans contenu véritable. De là, je pense que tout le monde, grâce à un enseignement totalement refondu, devrait acquérir avant vingt ans une connaissance étendue des mathématiques modernes, permettant à chacun de maîtriser les acquis récents de cette science et de s'y intéresser s'il le veut, sans être entravé par l'ignorance, souvent attribuée, en plus, à l'absence d'une bosse fantomatique. Car les mathématiques proposent des exercices adaptés en vue d'une rationalité discursive qui permette de s'accorder sur des décisions difficiles.

Au fond, les mathématiques sont la plus convaincante des inventions humaines pour s'exercer à ce qui est la clé de tout progrès collectif comme de tout bonheur individuel : oublier nos limites pour toucher, lumineusement, à l'universalité du vrai.

Finalement, les mathématiques nous offrent selon vous la possibilité d'expérimenter dans toute sa pureté et sa simplicité un rapport subjectif à la vérité. C'est en cela qu'elles sont une école de la « vraie vie » dans les autres domaines de l'existence, comme l'amour ou la politique ?

C'est exactement cela. La simplicité des mathématiques, leur nudité, leur absence de compromission avec l'état moyen des choses et le magma des opinions, tout cela oriente la pensée et l'existence, qui un moment s'y dévouent, dans la direction de la « vraie vie ». Et voyez le paradoxe : la plupart des gens objectent aux mathématiques leur complexité – ainsi que leur absence d'enjeu existentiel flagrant. Mais justement ! C'est la simplicité des mathématiques, le fait qu'elles sont univoques, sans rien de caché, d'obscur, sans double sens ou tromperie calculée, qui peut nous émerveiller. Et leur indifférence aux opinions dominantes est un modèle de liberté. En ce sens, oui, parvenir en politique ou dans l'amour à une simplicité et à une universalité comparables peut être accepté comme un idéal de vie.

Conclusion

Votre éloge des mathématiques a souligné leur importance, non seulement pour le philosophe, mais pour celui qui aspire à ce que vous nommez la « vraie vie ». Cela appelle dès lors une dernière question assez cruciale : comment faire découvrir – ou redécouvrir – les mathématiques, et surtout comment les faire aimer ?

Alors là vous me posez une question à laquelle je suis très sensible. Je pense que le mode sur lequel fonctionnent les mathématiques dans le corps général de l'enseignement n'est pas ce qu'il devrait être, et n'a peut-être jamais été exactement ce qu'il pourrait être. La raison en est la suivante : lorsqu'on enseigne les mathématiques, il faut d'abord parvenir à créer la conviction que c'est intéressant. Il ne faut pas dire : « C'est du savoir, apprenez-moi ça, et puis voilà. » Ça, à la rigueur, ça permet de parer au plus pressé, en apprenant par exemple aux enfants les tables de multiplication. Ce n'est en quelque sorte qu'une pragmatique du compte. Mais s'il s'agit des mathématiques véritables, celles qui vous confrontent à des problèmes aussi importants que complexes, il faut absolument créer, comme je l'ai déjà dit à propos de la transmission de n'importe quel savoir, le sentiment que c'est intéressant.

Alors, comment susciter ce sentiment ? Tout tourne autour de la notion de problème résolu. Je suis persuadé qu'un enfant, même tout jeune, peut être intéressé par l'idée de résoudre des problèmes. Parce que les enfants aiment naturellement les énigmes, ils sont curieux, ils aiment découvrir quelque chose qu'ils n'ont jamais vu. Tout doit s'organiser autour de ce dévoilement, de ce mystère résolu. Il faudrait absolument que la pédagogie soit centrée sur cet objectif : faire naître chez les enfants, les adolescents, et finalement chez tout le monde, le sentiment que ce qui est extraordinaire en mathématiques, c'est que, de façon parfois surprenante et imprévue, on résout des énigmes dont l'énoncé est tout à fait clair et précis, mais qui cependant sont de vraies énigmes. À cet égard, il ne faut pas hésiter à entrer dans l'univers du jeu ; parce que, après tout, résoudre un problème est aussi une donnée du jeu. Ça n'engage pas nécessairement une conception ludique des mathématiques, mais ça suscite un intérêt. Vous trouvez du reste dans certains journaux des énigmes mathématiques, et je ne crois pas qu'il faille mépriser cet abord, pas plus du reste qu'il n'est sage de critiquer les mots croisés, lesquels apprennent à la fois l'orthographe et une sémantique assez fine.

Parmi les méthodes qui consistent à créer cette conviction que c'est intéressant, on peut également trouver deux points d'appui extérieurs aux mathématiques.

D'abord l'histoire des mathématiques, qu'il faudrait raconter de façon vivante, incarnée, et non pas en s'en tenant à l'exposé systématique et ennuyeux des résultats. Ne pas s'en tenir simplement aux résultats, ni même prioritairement aux résultats, mais à l'intérêt de la chose en tant qu'énigme finalement résolue, après bien des péripéties. C'est passionnant de comprendre pourquoi et comment un petit théorème grec a été trouvé, dans quelles conditions, à quoi il a servi, ce qu'il est devenu après, comment les philosophes l'ont commenté... Ainsi de l'exemple fameux utilisé par Platon dans le *Ménon* : comment construire un carré dont la surface est le double de celle d'un carré donné ? Cela pourrait être un problème de conflit entre agriculteurs, une histoire de surfaces cultivables. Dans le dialogue, Socrate propose ce problème à un esclave présent par hasard dans les parages. Et il va montrer que l'esclave, après quelques tâtonnements, peut fort bien comprendre la démonstration, qui établit que le carré qui double la surface d'un carré ABCD est le carré dont le côté est la diagonale du premier carré, mettons AC. Cela, à vrai dire, se voit dès que l'on fait la figure, que l'on trace le carré sur la diagonale. Mais ce qu'il y a derrière cette compréhension intuitive du problème par l'esclave est en réalité extrêmement subtil et troublant. En effet, comme tout le monde le comprend aisément, la surface d'un carré est le produit de deux de ses côtés. Mettons que les côtés du premier carré ABCD aient le nombre 1 (1 mètre, par exemple) comme longueur. Sa surface sera de 1×1, soit 1 (mètre carré). La surface du second carré, bâti sur la diagonale AC sera, comme la figure le montre, le double, donc 2 (mètres carrés). Alors, quelle est la longueur du côté de ce second carré, la diagonale AC ? Le rapport des deux surfaces est clair, c'est 2/1, donc 2. Quel est le rapport des deux côtés ? Appliquons le théorème de Pythagore au triangle rectangle ABC. On a $AB^2 + BC^2 = AC^2$. Et comme $AB = AC = 1$, on a $1^2 + 1^2 = AC^2$. C'est-à-dire $1 + 1 = AC^2$, soit $2 = AC^2$. Il faut donc que la mesure de la diagonale AC soit un nombre dont le carré est égal à 2. On appelle cela aujourd'hui « racine carrée de 2 ». Mais le malheur, c'est que ce nombre n'est ni un nombre entier, ni un nombre rationnel, c'est-à-dire un rapport de deux nombres entiers, ce qu'on appelle aussi une fraction. Pour les Grecs, qui ne connaissaient en fait de nombre que les nombres entiers et leurs rapports, le nombre qui mesure la diagonale, notre moderne racine de 2, n'existait pas. La trace de cela est qu'encore aujourd'hui les nombres de ce genre sont appelés « irrationnels ». Ainsi le petit problème de géométrie « construire un carré dont la surface est double de celle d'un carré donné », dont la solution est intuitive, ouvre-t-il sur des abîmes arithmétiques, qui vont occuper les mathématiciens grecs pendant trois siècles, et susciter jusqu'à aujourd'hui des problèmes, concernant les nombres dits irrationnels, d'une difficulté considérable. C'est pourquoi l'histoire des problèmes, leur commentaire, la difficulté de leur solution, fait partie à mon sens de la pédagogie des mathématiques.

Le second point d'appui, c'est, outre l'histoire des mathématiques, de s'armer de la philosophie. Parce que, en fin de compte, l'intérêt des mathématiques, c'est aussi de s'interroger sur ce que sont les mathématiques. Et cette question, comme on l'a vu, est proprement philosophique, il n'y a nul autre endroit où elle soit exposée. C'est la raison pour laquelle je pense qu'il faut enseigner la philosophie dès la classe maternelle, vraiment. On sait bien que les enfants de trois ans sont des métaphysiciens très supérieurs à ceux de dix-huit ans, parce qu'ils se posent toutes les questions de la métaphysique. C'est quoi la nature ? C'est quoi la mort ? C'est quoi l'autre ? Pourquoi y a-t-il deux sexes et pas trois ? Tout ça est un terrain d'investigation préphilosophique constitué. De même que je pense que l'on peut apprendre beaucoup de mathématiques élémentaires en racontant des histoires et en résolvant des énigmes ludiques, de même je pense que la plus haute philosophie est aussi engagée dans cette affaire. C'est vraiment dommage qu'on la commence laborieusement en terminale. Il y a eu des efforts très vigoureux, notamment de mon si regretté collègue Jacques Derrida, pour essayer de la faire entrer en seconde ou en première. On n'a malheureusement pas avancé d'un pouce. La philosophie reste une discipline menacée dans les classes terminales, et les mathématiques un opérateur ennuyeux de sélection sociale. Eh bien moi, je propose la dernière année de maternelle pour les deux : les gamins de cinq ans sauront assurément faire bon usage de la métaphysique de l'infini comme de la théorie des ensembles !

TABLE

I. Il faut sauver les mathématiques 9
II. Philosophie et mathématiques ou l'histoire d'un vieux couple 29
III. De quoi parlent les mathématiques ?. 55
IV. Une tentative de métaphysique étayée sur les mathématiques 81
V. Les mathématiques font-elles le bonheur ? 95
Conclusion 119

Cet ouvrage a été mis en page par

<pixellence>

N° d'édition : L.01EHQN000930.B002
Dépôt légal : mars 2017
Imprimé en Espagne par Novoprint (Barcelone)